中国近海海洋灾害水动力数值模拟

邵伟增　申　伟　李　欢
王炜荔　谭　伟　周　巍　主编

海洋出版社

2023 年·北京

图书在版编目（CIP）数据

中国近海海洋灾害水动力数值模拟／邵伟增等主编
. -- 北京：海洋出版社，2023. 6
ISBN 978-7-5210-1215-6

Ⅰ. ①中⋯　Ⅱ. ①邵⋯　Ⅲ. ①近海-海洋-自然灾害
-水动力学-数值模拟-中国　Ⅳ. ①P73

中国国家版本馆 CIP 数据核字（2023）第 227373 号

审图号：GS 京（2023）1081 号

中国近海海洋灾害水动力数值模拟

ZHONGGUO JINHAI HAIYANG ZAIHAI SHUIDONGLI SHUZHI MONI

责任编辑：苏　勤

责任印制：安　森

海洋出版社 出版发行

http://www.oceanpress.com.cn

北京市海淀区大慧寺路 8 号　邮编：100081

侨友印刷（河北）有限公司　新华书店经销

2023 年 6 月第 1 版　2023 年 6 月北京第 1 次印刷

开本：850 mm×1 168 mm　1/16　印张：12

字数：300 千字　定价：298.00 元

发行部：010-62100090　总编室：010-62100034

海洋版图书印、装错误可随时退换

编 委 会

前　言

　　近海海域是人类活动最密切的地方，因此，海洋灾害极大影响近海海洋经济可持续发展。随着海洋经济的快速发展，沿海地区海洋灾害风险日益突出，近些年来我国近海海洋防灾减灾形势十分严峻。《中国海洋灾害公报》显示，2021 年，中国海洋灾害以风暴潮、海浪和海冰灾害为主，共造成直接经济损失 307 087.38 万元（人民币，下同），死亡失踪 28 人。此外，随着我国社会经济的快速发展，沿海水上运输和海洋石油开采等活动持续增长，大型、超大型油轮和大量的海洋石油平台发生溢油污染的概率也大大增加，我国步入海上溢油事故高发期，事故预防和应急处置任务日益艰巨。随着计算数学理论和计算机技术的进步，水动力数值模拟方法得到了迅速的发展，成为近岸海洋环境安全保障的有效工具。

　　本书结合相关具体算例，聚焦中国近海典型海洋灾害的水动力数值模拟，主要包括风暴潮、溢油、海冰、台风浪研究进展以及卫星资料同化技术。全书共 5 章。第 1 章从各类海洋灾害之首——风暴潮灾害入手，系统地阐述台风风暴潮和温带风暴潮模拟计算模式方法及相关实践算例。第 2 章通过一系列台风实例，结合海浪模式、潮流模式、实测浮标数据和海洋卫星遥感数据等，从各个方面分析了台风浪及台风变化规律，确定了不同模式不同海况下的适用性和准确性。第 3 章围绕中国近海海上溢油灾害行为与归宿数值模拟关键技术，分别介绍了海洋数值预报模型类型、大气数值预报模型及溢油数值模型。重点介绍了国家海洋信息中心自主研发的中国近海海上溢油一体化预测预警系统。第 4 章介绍了国内外海冰数值模式发展的过程，特别是针对渤海海域，海冰数值模式从单一的海冰动力学模式到冰-海耦合模式的发展过程，总结了海冰运动学、动力学、流变学和海冰热力学的基本理论，结合渤海海冰观测研究和资料分析，为渤海冰-海耦合模式框架的确定提供了理论依据和参数的选取。第 5 章主要结合国家气候中心的海洋资料同化业务系统，通过风云卫星资料在全球海洋模式中的同化应用实践，攻克了资料同化方法的选取和卫星资料同化应用若干关键技术，实现了新一代海洋资料同化系统的业务化运行。

值得指出的是，由于海洋水动力数值模拟方法，尤其是人工智能和高性能计算技术的快速发展，本书无法对其进行全面论述。书中难免有不妥之处，有待不断改进完善。

本书的出版得到了国家重点研发计划资助（编号：2023YFE0102400）、国家自然科学基金（编号：42076238、42176012 和 42130402）的资助，海洋出版社有限公司苏勤编辑对书稿做了细致的校改工作并提出了宝贵的修改意见，再次表示衷心的感谢。

编　者

2022 年 6 月

目　录

第1章　风暴潮数值模拟 1

1.1　风暴潮数值模拟概况 1

1.2　台风风暴潮数值模式 3

　　1.2.1　FVCOM 模式简介 4

　　1.2.2　台风气压场和风场的计算 8

　　1.2.3　台风风暴潮模式计算实例 10

1.3　温带风暴潮数值模式 15

　　1.3.1　风暴潮三维分层计算模式的控制方程 16

　　1.3.2　拟三维控制方程的离散 19

　　1.3.3　温带风暴潮模式计算实例 24

第2章　中国近海台风浪数值模拟 32

2.1　台风浪数值模拟概况 32

2.2　WW3 模式介绍 34

　　2.2.1　WW3 设置 34

　　2.2.2　WW3 模式台风浪计算实例 37

2.3　SWAN 台风浪数值模式 85

　　2.3.1　SWAN 模式介绍 85

　　2.3.2　SWAN 模式台风浪计算实例 86

2.4　总结 96

第3章　中国近海海上溢油灾害行为与归宿数值模拟 98

3.1　海洋数值预报模型 99

　　3.1.1　海洋数值模型类型概述 99

　　3.1.2　海洋数值预报模型 FVCOM 100

3.2 大气数值预报模型 ·· 107

3.3 溢油数值模型 ·· 108

 3.3.1 溢油物理扩展模型 ··· 108

 3.3.2 溢油漂移与扩散模型 ·· 109

 3.3.3 溢油风化模型 ··· 110

3.4 溢油模型系统 ·· 112

 3.4.1 溢油模型系统概况 ··· 112

 3.4.2 中国近海海上溢油一体化预测预警系统 ····························· 113

第4章 海冰灾害数值模拟 ··· 128

4.1 近海海冰灾害概述 ··· 128

4.2 渤海海冰情况简介 ··· 128

 4.2.1 渤海的海冰灾害 ·· 129

 4.2.2 渤海海冰的成因 ·· 131

 4.2.3 渤海海冰物理性质和力学特征 ···································· 131

 4.2.4 渤海海冰时空分布特征 ·· 132

 4.2.5 渤海海冰气候态变化特征 ······································· 133

4.3 我国海冰预警报方法 ··· 133

4.4 海冰数值模式 ·· 134

 4.4.1 我国的海冰数值模式发展 ······································· 134

 4.4.2 海冰热力学模式 ·· 135

 4.4.3 海冰动力学模式 ·· 138

4.5 冰-海耦合数值模式 ·· 140

 4.5.1 冰-海耦合过程简介 ·· 140

 4.5.2 冰-海耦合在数值模式中的作用 ··································· 141

 4.5.3 冰-海耦合数值模式的发展 ······································ 142

 4.5.4 冰-海耦合数值模式在渤海的应用发展 ······························ 143

 4.5.5 渤海海-冰耦合数值模式构建 ····································· 144

4.6 冰-海耦合数值模式模拟算例分析 ······································ 148

 4.6.1 渤海海冰演变模拟 ··· 148

 4.6.2 检验方法及结果 ·· 152

4.7 总结 ··· 153

第5章 风云卫星资料在全球海洋模式中的同化应用 ································ 154

5.1 FY-3C 卫星 SST 资料融合 ··· 155

5.1.1 FY-3C 海温资料简介 ··· 155

5.1.2 资料预处理 ··· 155

5.1.3 现场观测资料的质量控制 ··· 156

5.1.4 融合产品评估 ··· 156

5.2 EnOI 全球海洋资料同化系统 ··· 157

5.2.1 EnOI 同化方案 ··· 157

5.2.2 海洋模式设置 ··· 158

5.2.3 孪生试验 ··· 159

5.3 卫星实际同化试验 ··· 161

5.3.1 同化验证资料集 ··· 162

5.3.2 同化试验结果评估 ··· 162

5.4 总结 ··· 166

参考文献 ··· 168

第 1 章　风暴潮数值模拟

风暴潮是由于强烈的大气扰动——如强风和气压骤变所导致的海面异常升高或降低的现象（冯士筰，1982）。如果风暴潮发生时恰遇天文潮的高潮阶段，往往会造成严重的风暴潮灾害。风暴潮灾害发生时，海水越过堤坝，淹没农田及生产生活设施，造成很大的经济损失和人员伤亡。风暴潮灾害位于所有海洋灾害之首，它所造成的损失远远高于海浪、海冰、赤潮以及海啸等其他海洋灾害，而中国又是世界上风暴潮灾害发生最频繁并且遭受影响最严重的国家之一。

在没有大气扰动时，近岸水位的升降主要受潮汐控制，当台风或寒潮发生时，水位会有一个异常的升降，这时候的水位减去天文潮汐预报水位就是风暴潮水位。当风暴潮水位值为正时，将其称为风暴潮增水，反之，则称为风暴潮减水。引起风暴潮的大气扰动主要有两部分，一个是风的作用，另一个是气压的作用。向岸风使海水向近岸堆积，抬升水位，离岸风则使水位下降。此外，沿岸风通过地转效应，也对风暴潮水位有一定的影响。气压效应一般作用于台风的低压中心，对海水产生"抽吸"，使水位升高。风暴潮通常分为两种类型：台风风暴潮和温带风暴潮。顾名思义，台风风暴潮是由台风引起的，多发生于夏、秋季节。当台风由开阔的外海向近岸移动时，岸边验潮站最先观测到海面的缓慢上升，这是台风风暴潮来临的预兆，随着台风逐渐逼近，潮位急剧升高，并在台风过境前后达到最大值。温带风暴潮通常是由冷空气（寒潮）或者温带气旋引起的，多发生于春、秋季的中高纬海域，如渤海湾、莱州湾沿岸出现的风暴潮大多属于温带风暴潮。

1.1　风暴潮数值模拟概况

风暴潮数值模拟方法是"数值天气预报"和"风暴潮数值计算"两者组成的统一整体，它是基于风暴潮控制方程、计算方法和计算机的应用而发展起来的一种研究方法。数值天气预报可以得到风暴潮数值计算所需的海上风场和气压场等气象要素，即大气强迫的预报场；给定大气强迫后，再通过风暴潮数值计算，在适定的边界条件和初始条件下对风暴潮的基本方程组进行数值求解，从而得到风暴潮位和风暴潮流的时空分布，其中包括具有实际预报意义的岸边风暴潮位的分布以及风暴潮位过程的变化曲线。因此，风暴潮数值模拟的关键是准确的大气强迫场和风暴潮动力模型。

关于风暴潮数值模拟技术的研究从 20 世纪 50 年代开始。1954 年，H. Kivisild 用手工计算的方法对美国奥基乔比湖进行了一次风暴潮数值模拟研究。随着计算机技术的发展，德国海洋学家 Hansen 于 1956 年首次使用计算机对北海 1953 年 1 月 31 日至 2 月 1 日期间发生的风暴潮进行了数值计算，并取得了初步成功（Hansen，1956）。随后，数值模拟开始成为风暴潮的主要研究手段，越来越多的国家加入风暴潮数值预报的研究队伍，例如，英国 Bidston 海洋研究所开发了 STWS（Storm Tide Warning System）系统，荷兰、丹麦等北海沿岸国家也都建立了自己的风暴潮预报系统。SLOSH（Sea，Lake，and Overland Surges from Hurricanes）是当时美国风暴潮的业务预报模式（Jelesnianski，1965；1966）。20 世纪 90 年代，王喜年、应仁方等实现了 SLOSH 在中国的业务化。由于 SLOSH 是一个二维模型，其结果会低估浅水区域的风暴程度。为了更加全面准确地模拟水动力环境，解决复杂的实际工程问题，有关三维潮流的典型数学模型得到发展。美国普林斯顿大学海洋动力环境数值模拟小组开发出具有代表性的普林斯顿海洋模型 POM（Princeton Ocean Model）（Blumberg et al.，1987）。该模式在垂直方向上采用 σ 坐标系，在水平方向上采用正交曲线坐标系以及 Arakawa C 差分网络，是一个三维斜压海洋数值模型。在 POM 的基础上，又进一步开发出了一些新的模型，如河口海岸海洋模型 ECOM（Estuarine and Coastal Ocean Model），海军海岸海洋模型 NCOM（Navy Coastal Ocean Model）以及有限体积海岸海洋模型 FVCOM（Finite-Volume Coastal Ocean Model）等。此外，为了适用于边缘海和陆架海域，德国汉堡大学海洋研究所 Backhaus 教授及其同事开发了一个半隐式模式的三维斜压陆架海模型 HAMSOM（Hamburg Shelf Ocean Model）（Backhaus，1983，1985；Backhaus et al.，1987）。HAMSOM 是一个垂向分层的模式，控制方程建立在垂向分层上，通过对原始运动方程和连续方程进行层内积分得到层积分的方程，从而将三维问题转化为二维问题，使计算得到简化。HAMSOM 模式在欧洲应用比较广泛，对北海海域模拟较多（Kauker et al.，2000；Ilyina et al.，2006；Pohlmann，2006；Meyer et al.，2009；O'Driscoll et al.，2013；Pätsch et al.，2017），也被我国一些学者应用到渤海、黄海（黄大吉等，1996a，1996b；赵亮等，2001；王勇智等，2007；闫丽凤等，2008；杨晓君等，2010）和南海（蔡树群等，1999；李欢等，2011）的模拟研究中。

我国风暴潮的数值模拟研究从 20 世纪 80 年代开始得到了迅速发展。吴培木等（1981）基于描述风暴潮运动的全流方程组，采用有限差分方法，并考虑了非线性效应，模拟了台湾海峡的台风风暴潮。陈长胜等（1985）采用二次守恒有限差分模型，对江苏、浙江沿海不同类型的台风风暴潮进行数值模拟，并给出了江浙沿海台风风暴潮与台风参数之间的对应关系。丁文兰等（1987）在分析渤海台风风暴潮特征的基础上，采用动力数值计算方法，成功模拟了渤海海域三个不同类型的台风风暴潮实例，与实测结果基本一致，并对黄河口附近 12 个地点的台风风暴潮进行了数值估算。风暴潮中的潮周期波动主要受天文潮与风暴潮之间的非线性相互作用的影响，在模式中考虑天文潮与风暴潮的相互作用可以显著提高风暴潮的预报精度（柴扉等，1990；Qin et al.，1994）。在浅海潮波和风暴潮的数值计算中，朱耀华等（1993）设计了一种二维和三维嵌套、外模和内模分离的数值模型，并将其成功应用到北部湾的潮波模拟，这种嵌套模式可以避免由于三维计算区域太小而导致开边界条件不容易确定的问题。到了 21 世纪，关于风暴潮模式的研究日趋完善，并逐渐进入业务化预报阶段。基于依赖波浪成长状态的表面风应力，尹宝树等(2001)构建了一个第三代波浪模式和三维风暴潮潮汐模式联合作用的数值模型，并结合渤海的典型天气个例，给出了渤海波浪和风暴潮潮汐相互作用对波浪影响的机制和大小量级的定量估计。于福江等(2002)在球坐标系下建立了一个两重嵌套网格高分辨率的东海台风风暴潮预报模式，通过对影响东海沿岸的6次风暴潮过程的后报和预报试验，认为该模式可以基本满足上海沿海台风风暴潮预报的需要。利用第5代区域中尺度数值模式MM5(Mesoscale Model)，胡欣等(2005)对2003年10月11日发生在渤海湾的风暴潮的天气系统和风场结构进行了分析，发现北方强冷空气的缓慢南下与中低空暖湿急流和地面倒槽共同作用导致的持续的强东北大风是产生该风暴潮的主要影响因素。针对同一事件，李云川等(2005)认为MM5模式能够较好地模拟出风暴潮的风场、气压场和降水场，在预报业务实践中有很好的参考价值。利用MM5模式和第三代浅水波浪数值预报模式SWAN(Simulating Waves Nearshore)，李燕等(2007)模拟了2005年9号热带风暴"麦莎"的移动路径以及它在黄渤海海域产生的强风场和强浪场，模拟结果与实际观测基本一致。黄华等(2007)基于改进的河口海岸和海洋三维数值模式ECOM-si，并加入台风模型气压场和模型风场，同时考虑径流、天文潮与风暴潮的耦合作用，模拟再现了三次台风过程期间长江口和杭州湾的水位变化。

1.2 台风风暴潮数值模式

近年来国内应用较广的台风风暴潮数值模型主要有SLOSH模型、Delft3D模型、ECOMSED模型(Estuarine, Coastal Ocean Model with Sediment Transport)、区域海洋模型ROMS(Regional Ocean Modeling System)等。SLOSH模型可以模拟预报海和湖上的台风风暴潮，计算范围较广，计算区域可以覆盖大部分大陆架和部分内陆地形及水域，然而该模型忽略了动量方程里的对流项，导致风暴潮模拟精度偏低。Delft3D模型可以进行多维非恒定流的模拟，能够精确地计算大尺度的水流、水动力、波浪、泥沙、水质等参数。ECOMSED是一个模拟水动力、波浪和沉积物输运的三维数值模型，在ECOM模式的基础上引入了黏性沉积物再悬浮、沉积、输运等概念，考虑了示踪物、底边界层、表面波模型、沉积物输运以及溶解物和沉积物的边界示踪物容量等，可以模拟海洋和淡水系统中的水位、海流、波浪、水温、盐度、示踪物、有黏性/无黏性沉积物的时空分布。ROMS是一个三维自由表面非线性斜压原始方程模式，水平方向采用正交曲线(Arakawa C)网格，垂直方向采用地形拟合的可伸缩坐标系统(S坐标)，针对不同应用提供多种垂向转换函数和拉伸函数，既保持了σ坐标随地形渐变的特点，还可以根据实际需求进行局部加密(如温跃层、海表面、海底等)。ROMS具有计算效率高、计算稳定、结构优化等优点，还可以与生态、泥沙输运、海冰、气象等多种模式耦合，被广泛应用于海洋研究。

上述模型是基于结构化网格的数值模型，随着人们对海洋物理过程认识的逐渐加深，数学方法的多元化以及计算机性能的高速发展，精细化的海洋环境模拟受到越来越多的关注，非结构化三角形网格模型得到发展，如 ADCIRC 模型 [A (Parallel) Advanced Circulation Model for Oceanic, Coastal and Estuarine Waters] 和 FVCOM 模型等。这种模型可以灵活调整网格的分辨率，从而实现对不规则岸线、河流、潮汐通道、障壁岛等复杂地形区域风暴潮的高精度计算。本节主要介绍 FVCOM 模式在台风风暴潮方面的模拟。

1.2.1 FVCOM 模式简介

FVCOM 是美国马萨诸塞大学达特茅斯分校陈长胜教授的研究组开发的三维原始方程海洋数值模型(Chen et al., 2003)。FVCOM 基于无结构的三角形网格，利用有限体积法对控制方程进行离散求解。有限体积法结合了有限元法和有限差分法的优点，它可以像有限元法那样容易拟合边界，并进行局部加密，同时也具有有限差分法动力学基础明确、差分直观、计算高效等优点。因此，FVCOM 可以更好地拟合复杂精细的海岸线，而采用体积通量的积分方法来求解原始控制方程组，保证了它在单一网格和整个计算区域上能同时满足动量、能量和质量的守恒。湍流闭合模型与地形追随坐标的结合，使 FVCOM 能够比较理想地模拟出上、下边界层，对研究浅水运动和由潮驱动的河口动力学过程非常重要。

1) 直角坐标系下的原始控制方程

FVCOM 的原始控制方程包括动量方程、连续性方程、温度方程、盐度方程以及密度方程(Chen et al., 2013)。

$$\frac{\partial u}{\partial t} + u\frac{\partial u}{\partial x} + v\frac{\partial u}{\partial y} + w\frac{\partial u}{\partial z} - fv = -\frac{1}{\rho_0}\frac{\partial p}{\partial x} + \frac{\partial}{\partial z}\left(K_m\frac{\partial u}{\partial z}\right) + F_u \tag{1.1}$$

$$\frac{\partial v}{\partial t} + u\frac{\partial v}{\partial x} + v\frac{\partial v}{\partial y} + w\frac{\partial v}{\partial z} + fu = -\frac{1}{\rho_0}\frac{\partial p}{\partial y} + \frac{\partial}{\partial z}\left(K_m\frac{\partial v}{\partial z}\right) + F_v \tag{1.2}$$

$$\frac{\partial w}{\partial t} + u\frac{\partial w}{\partial x} + v\frac{\partial w}{\partial y} + w\frac{\partial w}{\partial z} = -\frac{1}{\rho_0}\frac{\partial q}{\partial z} + \frac{\partial}{\partial z}\left(K_m\frac{\partial w}{\partial z}\right) + F_w \tag{1.3}$$

$$\frac{\partial u}{\partial x} + \frac{\partial v}{\partial y} + \frac{\partial w}{\partial z} = 0 \tag{1.4}$$

$$\frac{\partial T}{\partial t} + u\frac{\partial T}{\partial x} + v\frac{\partial T}{\partial y} + w\frac{\partial T}{\partial z} = \frac{\partial}{\partial z}\left(K_h\frac{\partial T}{\partial z}\right) + F_T \tag{1.5}$$

$$\frac{\partial S}{\partial t} + u\frac{\partial S}{\partial x} + v\frac{\partial S}{\partial y} + w\frac{\partial S}{\partial z} = \frac{\partial}{\partial z}\left(K_h\frac{\partial S}{\partial z}\right) + F_S \tag{1.6}$$

$$\rho = \rho(T, S, p) \tag{1.7}$$

式中，x、y、z 分别为纬向(东西方向)、经向(南北方向)和垂直方向的坐标轴；u、v、w 分别为 x、y、z 方向上的速度分量；T 为海水温度；S 为海水盐度；ρ 是海水密度；ρ_0 为参考密度；p 为总压强，它等于海表大气压强 p_a，静水压强 p_H，非静水压强 q 三者之和；f 为科氏参量($f = 2\omega\sin\varphi$)；g 为重力加速度。F_u、F_v、F_T 和 F_S 分别为水平动量、热量和盐度扩散项，在 FVCOM 中通常采用 Smagorinsky 涡参数化方案(Smagorinsky, 1963)。K_m 为垂向涡黏性系数；K_h 为垂向热扩散系数。FVCOM 提供了多种关于 K_m 和 K_h 的参数化方案，其中最常用的是 Mellor-Yamada 的 2.5 阶湍流闭合模型（MY-2.5）（Mellor et al.，1982；2004）以及通用海洋湍流模型 GOTM（General Ocean Turbulent Model）（Burchard，2002）。

海表面 $z=\zeta(x,\ y,\ t)$ 处的温度上边界条件为

$$\frac{\partial T}{\partial z} = \frac{1}{\rho c_p K_h}\left[Q_n(x,\ y,\ t) - SW(x,\ y,\ \zeta,\ t) \right] \tag{1.8}$$

式中，c_p 为海水的比热容；$Q_n(x,\ y,\ t)$ 为海表净热通量，它包含长波辐射、短波辐射、潜热通量、感热通量四个部分；$SW(x,\ y,\ \zeta,\ t)$ 为海表面的短波辐射通量。短波辐射通量可以穿透到海面以下，而长波辐射、潜热通量和感热通量通常认为只能发生在海洋表面。

海底 $z=-H(x,\ y)$ 处的温度底边界条件为

$$\frac{\partial T}{\partial z} = -\frac{A_h\tan\alpha}{K_h}\frac{\partial T}{\partial n} \tag{1.9}$$

式中，A_h 为水平热扩散系数；α 为海底地形的坡度；n 为水平坐标。

海表面 $z=\zeta(x,\ y,\ t)$ 处的盐度上边界条件为

$$\frac{\partial S}{\partial z} = 0 \tag{1.10}$$

海底 $z=-H(x,\ y)$ 处的盐度底边界条件为

$$\frac{\partial S}{\partial z} = \frac{A_h\tan\alpha}{K_h}\frac{\partial S}{\partial n} \tag{1.11}$$

海表面 $z=\zeta(x,\ y,\ t)$ 处的动量上边界条件为

$$\left(\frac{\partial u}{\partial z},\ \frac{\partial v}{\partial z}\right) = \frac{1}{\rho_0 K_m}(\tau_{sx},\ \tau_{sy}) \tag{1.12}$$

$$w = \frac{\partial \zeta}{\partial t} + u\frac{\partial \zeta}{\partial x} + v\frac{\partial \zeta}{\partial y} + \frac{E-P}{\rho} \tag{1.13}$$

式中，$(\tau_{sx},\ \tau_{sy})$ 为海表风应力在 x，y 方向上的分量；E 为蒸发量；P 为降水量。

海底 $z=-H(x,\ y)$ 处的动量底边界条件为

$$K_m\left(\frac{\partial u}{\partial z},\ \frac{\partial v}{\partial z}\right) = \frac{1}{\rho_0}(\tau_{bx},\ \tau_{by}) \tag{1.14}$$

$$w = -u\frac{\partial H}{\partial x} - v\frac{\partial H}{\partial y} + \frac{Q_b}{\Omega} \tag{1.15}$$

式中，$(\tau_{bx},\ \tau_{by})$ 为海底摩擦应力在 x，y 方向上的分量；Q_b 为底部地下水的流量；Ω 为地下水源的面积。

温度、盐度、动量的侧边界条件分别为

$$\frac{\partial T}{\partial n} = 0 \tag{1.16}$$

$$\frac{\partial S}{\partial n} = 0 \tag{1.17}$$

$$v_n = 0 \tag{1.18}$$

式中，n 为侧边界的法线方向；v_n 为垂直于侧边界的流速分量。

2）地形追随坐标系下的控制方程

在地形追随坐标系中，x 和 y 依然表示纬向（东西方向）和经向（南北方向）的坐标轴，然而垂直方向改用 r 坐标，r 可以是 σ 坐标，混合坐标，或者其他广义函数，它的变化范围是从-1（海底）到 0（海表面）。在这种坐标系下，式（1.12）至式（1.18）可以改写为

$$\frac{\partial uJ}{\partial t} + \frac{\partial u^2 J}{\partial x} + \frac{\partial uvJ}{\partial y} + \frac{\partial u\omega}{\partial r} - fvJ = -gJ\frac{\partial \zeta}{\partial x} - \frac{J}{\rho_0}\frac{\partial p_a}{\partial x} - \frac{gJ}{\rho_0}\left[\int_r^0 J\left(\frac{\partial \rho}{\partial x} + \frac{\partial \rho}{\partial r'}\frac{\partial r'}{\partial x}\right)\mathrm{d}r'\right] -$$
$$\frac{1}{\rho_0}\left(\frac{\partial qJ}{\partial x} + \frac{\partial qA_1}{\partial r}\right) + \frac{\partial}{\partial r}\left(\frac{K_m}{J}\frac{\partial u}{\partial r}\right) + JF_u \tag{1.19}$$

$$\frac{\partial vJ}{\partial t} + \frac{\partial uvJ}{\partial x} + \frac{\partial v^2 J}{\partial y} + \frac{\partial v\omega}{\partial r} + fuJ = -gJ\frac{\partial \zeta}{\partial y} - \frac{J}{\rho_0}\frac{\partial p_a}{\partial y} - \frac{gJ}{\rho_0}\left[\int_r^0 J\left(\frac{\partial \rho}{\partial y} + \frac{\partial \rho}{\partial r'}\frac{\partial r'}{\partial y}\right)\mathrm{d}r'\right] -$$
$$\frac{1}{\rho_0}\left(\frac{\partial qJ}{\partial y} + \frac{\partial qA_2}{\partial r}\right) + \frac{\partial}{\partial r}\left(\frac{K_m}{J}\frac{\partial v}{\partial r}\right) + JF_v \tag{1.20}$$

$$\frac{\partial wJ}{\partial t} + \frac{\partial uwJ}{\partial x} + \frac{\partial vwJ}{\partial y} + \frac{\partial w\omega}{\partial r} = -\frac{1}{\rho_0}\frac{\partial q}{\partial r} + \frac{\partial}{\partial r}\left(\frac{K_m}{J}\frac{\partial w}{\partial r}\right) + JF_w \tag{1.21}$$

$$\frac{\partial uJ}{\partial x} + \frac{\partial vJ}{\partial y} + \frac{\partial uA_1}{\partial r} + \frac{\partial vA_2}{\partial r} + \frac{\partial w}{\partial r} = 0 \tag{1.22}$$

$$\frac{\partial TJ}{\partial t} + \frac{\partial TuJ}{\partial x} + \frac{\partial TvJ}{\partial y} + \frac{\partial T\omega}{\partial r} = \frac{\partial}{\partial r}\left(\frac{K_h}{J}\frac{\partial T}{\partial r}\right) + J\hat{H} + JF_T \tag{1.23}$$

$$\frac{\partial SJ}{\partial t} + \frac{\partial SuJ}{\partial x} + \frac{\partial SvJ}{\partial y} + \frac{\partial S\omega}{\partial r} = \frac{\partial}{\partial r}\left(\frac{K_h}{J}\frac{\partial S}{\partial r}\right) + JF_S \tag{1.24}$$

$$\rho = \rho(T, S, p) \tag{1.25}$$

式中，$J = \partial z/\partial r$；$\hat{H}(x, y, z, t) = \partial SW(x, y, z, t)/\partial z$ 是短波辐射的垂向梯度；$A_1 = J\partial r/\partial x$ 和 $A_2 = J\partial r/\partial y$ 是坐标变换系数；ω 是转换后的垂向流速，它满足连续性方程

$$\frac{\partial J}{\partial t} + \frac{\partial uJ}{\partial x} + \frac{\partial vJ}{\partial y} + \frac{\partial \omega}{\partial r} = 0 \tag{1.26}$$

温度、盐度和动量在海表面 $r=0$ 处的上边界条件分别为

$$\frac{\partial T}{\partial r} = \frac{J}{\rho c_p K_h}[Q_n(x, y, t) - SW(x, y, 0, t)] \tag{1.27}$$

$$\frac{\partial S}{\partial r} = 0 \tag{1.28}$$

$$\left(\frac{\partial u}{\partial r}, \frac{\partial v}{\partial r}\right) = \frac{J}{\rho_0 K_m}(\tau_{sx}, \tau_{sy}) \tag{1.29}$$

$$\omega = 0 \tag{1.30}$$

温度、盐度和动量在海底 $r=-1$ 处的底边界条件分别为

$$\frac{\partial T}{\partial r} = -\frac{A_h \tan\alpha}{K_h/J + A_h \tan\alpha \dfrac{\partial r}{\partial n}} \frac{\partial T}{\partial n} \tag{1.31}$$

$$\frac{\partial S}{\partial r} = -\frac{A_h \tan\alpha}{K_h/J + A_h \tan\alpha \dfrac{\partial r}{\partial n}} \frac{\partial S}{\partial n} \tag{1.32}$$

$$\left(\frac{\partial u}{\partial r},\ \frac{\partial v}{\partial r}\right) = \frac{J}{\rho_0 K_m}(\tau_{bx},\ \tau_{by}) \tag{1.33}$$

$$\omega = 0 \tag{1.34}$$

3)垂向积分的二维方程

在地形追随坐标系中,垂向积分的二维动量方程和连续性方程可以表示为

$$\frac{\partial \bar{u}D}{\partial t} + \frac{\partial \overline{u^2}D}{\partial x} + \frac{\partial \overline{uv}D}{\partial y} - f\bar{v}D - D\overline{F_u} - G_x - \frac{\tau_{sx} - \tau_{bx}}{\rho_0}$$

$$= -gD\frac{\partial \zeta}{\partial x} - \frac{D}{\rho_0}\frac{\partial p_a}{\partial x} - \frac{g}{\rho_0}\int_{-1}^{0}\left\{J\left[\int_{r}^{0}J\left(\frac{\partial \rho}{\partial x} + \frac{\partial \rho}{\partial r'}\frac{\partial r'}{\partial x}\right)dr'\right]\right\}dr' - \frac{1}{\rho_0}\int_{-1}^{0}\left(\frac{\partial qJ}{\partial x} + \frac{\partial qA_1}{\partial r}\right)dr' \tag{1.35}$$

$$\frac{\partial \bar{v}D}{\partial t} + \frac{\partial \overline{uv}D}{\partial x} + \frac{\partial \overline{v^2}D}{\partial y} + f\bar{u}D - D\overline{F_v} - G_y - \frac{\tau_{sy} - \tau_{by}}{\rho_0}$$

$$= -gD\frac{\partial \zeta}{\partial y} - \frac{D}{\rho_0}\frac{\partial p_a}{\partial y} - \frac{g}{\rho_0}\int_{-1}^{0}\left\{J\left[\int_{r}^{0}J\left(\frac{\partial \rho}{\partial y} + \frac{\partial \rho}{\partial r'}\frac{\partial r'}{\partial y}\right)dr'\right]\right\}dr' - \frac{1}{\rho_0}\int_{-1}^{0}\left(\frac{\partial qJ}{\partial y} + \frac{\partial qA_2}{\partial r}\right)dr' \tag{1.36}$$

$$\frac{\partial \zeta}{\partial t} + \frac{\partial (\bar{u}D)}{\partial x} + \frac{\partial (\bar{v}D)}{\partial y} = 0 \tag{1.37}$$

式中, $D = H + \zeta$ 为全水深; G_x 和 G_y 定义为

$$G_x = \frac{\partial \overline{u^2}D}{\partial x} + \frac{\partial \overline{uv}D}{\partial y} - D\widetilde{F_x} - \left[\frac{\partial \bar{u}^2D}{\partial x} + \frac{\partial \overline{uv}D}{\partial y} - D\overline{F_x}\right] \tag{1.38}$$

$$G_y = \frac{\partial \overline{uv}D}{\partial x} + \frac{\partial \overline{v^2}D}{\partial y} - D\widetilde{F_y} - \left[\frac{\partial \overline{uv}D}{\partial x} + \frac{\partial \bar{v}^2D}{\partial y} - D\overline{F_y}\right] \tag{1.39}$$

水平扩散项可以近似表达为

$$D\widetilde{F_x} \approx \frac{\partial}{\partial x}\left[2\bar{A}_mH\frac{\partial \bar{u}}{\partial x}\right] + \frac{\partial}{\partial y}\left[\bar{A}_mH\left(\frac{\partial \bar{u}}{\partial y} + \frac{\partial \bar{v}}{\partial x}\right)\right] \tag{1.40}$$

$$D\widetilde{F_y} \approx \frac{\partial}{\partial x}\left[\bar{A}_mH\left(\frac{\partial \bar{u}}{\partial y} + \frac{\partial \bar{v}}{\partial x}\right)\right] + \frac{\partial}{\partial y}\left[2\bar{A}_mH\frac{\partial \bar{v}}{\partial y}\right] \tag{1.41}$$

$$D\overline{F_x} \approx \frac{\partial}{\partial x}2\bar{A}_mH\frac{\partial u}{\partial x} + \frac{\partial}{\partial y}\bar{A}_mH\left(\frac{\partial u}{\partial y} + \frac{\partial v}{\partial x}\right) \tag{1.42}$$

$$DF_y \approx \frac{\partial}{\partial x}\bar{A}_m H\left(\frac{\partial u}{\partial y}+\frac{\partial v}{\partial x}\right)+\frac{\partial}{\partial y}2\bar{A}_m H\frac{\partial v}{\partial y} \tag{1.43}$$

式中，A_m 为水平涡黏性系数，上标"—"表示沿深度的垂向积分。

1.2.2 台风气压场和风场的计算

台风风暴潮的数值模拟需要知道每个空间格点的气压和风应力，风暴潮模拟结果的精度在很大程度上依赖于台风期间气压场和风场模型的质量。

1) 台风气压场的计算

常用的台风气压场模型主要有以下几种。

（1）Bjerknes 气压模型（1921）：

$$\frac{P(r)-P_0}{P_\infty-P_0}=1-\frac{1}{1+\left(\dfrac{r}{R}\right)^2}, \quad 0\leqslant r<\infty \tag{1.44}$$

（2）Takahashi（高桥）气压模型（1939）：

$$\frac{P(r)-P_0}{P_\infty-P_0}=1-\frac{1}{1+\dfrac{r}{R}}, \quad 0\leqslant r<\infty \tag{1.45}$$

（3）Fujita（藤田）气压模型（1952）：

$$\frac{P(r)-P_0}{P_\infty-P_0}=1-\frac{1}{\sqrt{1+2\left(\dfrac{r}{R}\right)^2}}, \quad 0\leqslant r<\infty \tag{1.46}$$

（4）Myers 气压模型（1957）：

$$\frac{P(r)-P_0}{P_\infty-P_0}=\mathrm{e}^{-\frac{R}{r}}, \quad 0\leqslant r<\infty \tag{1.47}$$

（5）Jelesnianski 气压模型（1965）：

$$\frac{P(r)-P_0}{P_\infty-P_0}=\frac{1}{4}\left(\frac{r}{R}\right)^3, \quad 0\leqslant r<R$$
$$\frac{P(r)-P_0}{P_\infty-P_0}=1-\frac{3R}{4r}, \quad R\leqslant r<\infty \tag{1.48}$$

式中，P_∞ 为台风外围气压（正常气压）；P_0 为台风中心气压；R 为台风最大风速半径；$P(r)$ 为距台风中心 r 距离处的气压。

2) 台风风场的计算

台风域中的风场分为两部分：一部分是相对于台风中心对称的圆形风场，它与真实风场的切线方向之间存在一个偏角（流入角），通常将流入角直接参数化为20°，圆形风场可以从台风气压场出发，利用梯度风原理计算得到，也可以从风场外观相似性出发，建立模型风场；另一部分是移行风场，它与台风中心的移动速度有关。两者的矢量叠加等于真实的台风风场。

常用的圆形风场模型有以下几种。

（1）Rankine（兰金）涡风场模型：

$$V(r) = V_R \frac{r}{R} , \quad 0 \le r < R$$

$$V(r) = V_R \frac{R}{r} , \quad R \le r < \infty$$

$$(1.49)$$

（2）Jelesnianski-1 风场模型（1965）：

$$V(r) = V_R \left(\frac{r}{R}\right)^{3/2} , \quad 0 \le r < R$$

$$V(r) = V_R \left(\frac{R}{r}\right)^{1/2} , \quad R \le r < \infty$$

$$(1.50)$$

（3）Jelesnianski-2 风场模型（1966）：

$$V(r) = V_R \frac{2\left(\frac{r}{R}\right)}{1 + \left(\frac{r}{R}\right)^2} , \quad 0 \le r < \infty$$

$$(1.51)$$

（4）陈孔沫风场模型（1994）：

$$V(r) = V_R \frac{3(Rr)^{3/2}}{R^3 + r^3 + (Rr)^{3/2}} , \quad 0 \le r < \infty$$

$$(1.52)$$

（5）Schloemer 风场模型（1954）：

$$V(r) = V_R \sqrt{\frac{R}{r} \exp\left(1 - \frac{R}{r}\right)} , \quad 0 \le r < \infty$$

$$(1.53)$$

式中，$V(r)$ 为距离台风中心为 r 处的风速；V_R 为台风最大风速；R 为最大风速半径。

常用的移动风场模型有以下几种。

（1）Miyazaki Masamori（宫崎正卫）风场模型（1962）：

$$V_S(r) = V_{SR} \exp\left(-\frac{\pi r}{500}\right) , \quad 0 \le r < \infty$$

$$(1.54)$$

（2）Ueno Takeo（上野武夫）风场模型（1964）：

$$V_S(r) = V_{SR} \exp\left(-\frac{\pi}{4} \frac{|r - R|}{R}\right) , \quad 0 \le r < \infty$$

$$(1.55)$$

（3）Jelesnianski 风场模型（1966）：

$$V_S(r) = V_{SR} \frac{Rr}{R^2 + r^2} , \quad 0 \le r < \infty$$

$$(1.56)$$

（4）陈孔沫风场模型（1994）：

$$V_S(r) = V_{SR} \frac{3(Rr)^{3/2}}{R^3 + r^3 + (Rr)^{3/2}} , \quad 0 \le r < \infty$$

$$(1.57)$$

式中，$V_S(r)$ 为距离台风中心为 r 处的移行风速；V_{SR} 为台风中心的移动速度；R 为最大风速半径。

1.2.3 台风风暴潮模式计算实例

在台风中心到 $2R$ 范围内，Fujita 模型[式(1.46)]可以更好地反映台风的气压变化，而在 $2R$ 以外的范围，Takahashi 模型[式(1.45)]则更具有代表性，因此在本节的计算实例中将这两个公式嵌套来共同计算同一台风域中的气压场分布：

$$
\frac{P(r) - P_0}{P_\infty - P_0} = 1 - \frac{1}{\sqrt{1 + 2\left(\dfrac{r}{R}\right)^2}} , \quad 0 \leqslant r < 2R
$$

$$
\frac{P(r) - P_0}{P_\infty - P_0} = 1 - \frac{1}{1 + \dfrac{r}{R}} , \quad 2R \leqslant r < \infty
$$

(1.58)

为了更好地反演台风风场，本节在 Jelesnianski 经验公式的基础上加入了 7 级风和 10 级风的半径，修正公式如下(周水华等，2010)：

$$
\boldsymbol{W} = \frac{r}{R + r}(u\boldsymbol{i} + v\boldsymbol{j}) + W_{\max}\left(\frac{r}{R}\right)^{1.5}\frac{A\boldsymbol{i} + B\boldsymbol{j}}{r} , \quad r \leqslant R \tag{1.59}
$$

$$
\boldsymbol{W} = \frac{r}{R + r}(u\boldsymbol{i} + v\boldsymbol{j}) + \left[W_{10} + \left(\frac{R_{10} - r}{R_{10} - R}\right)^{1.5}(W_{\max} - W_{10})\right]\frac{A\boldsymbol{i} + B\boldsymbol{j}}{r} , \quad R < r \leqslant R_{10} \tag{1.60}
$$

$$
\boldsymbol{W} = \frac{r}{R + r}(u\boldsymbol{i} + v\boldsymbol{j}) + \left[W_7 + \left(\frac{R_7 - r}{R_7 - R_{10}}\right)^{1.25}(W_{10} - W_7)\right]\frac{A\boldsymbol{i} + B\boldsymbol{j}}{r} , \quad R_{10} < r \leqslant R_7 \tag{1.61}
$$

$$
\boldsymbol{W} = \frac{r}{R + r}(u\boldsymbol{i} + v\boldsymbol{j}) + \left[W_7 - \left(\frac{r - R_7}{R_7 - R_{10}}\right)^{0.75}(W_{10} - W_7)\right]\frac{A\boldsymbol{i} + B\boldsymbol{j}}{r} , \quad r > R_7 \tag{1.62}
$$

$$
A = -[(x - x_c)\sin\theta + (y - y_c)\cos\theta] \tag{1.63}
$$

$$
B = (x - x_c)\cos\theta - (y - y_c)\sin\theta \tag{1.64}
$$

式中，$\boldsymbol{W}$ 为风速；u，v 为台风移动速度在 x，y 方向的分量；$W_{\max}$ 为台风最大风速；R 为最大风速半径；r 为距离台风中心的距离；R_{10}，R_7 分别为 10 级和 7 级大风半径；W_{10}，W_7 分别为 10 级和 7 级大风风速；(x_c, y_c) 为台风中心坐标；θ 为流入角，在计算实例中为 20°。

本节利用 FVCOM 风暴潮模型分别对 1409 号超强台风"威马逊"和 1415 号台风"海鸥"这两场台风进行模拟(张敏等，2015)，计算区域包括南海中北部海域，模型网格共有 68 237 个三角形单元，最高空间分辨率约为 200 m，近岸水深采用海图水深(图 1.1)，计算时间步长为 10 s。

1) 1409 号超强台风"威马逊"的模拟

2014 年第 9 号超强台风"威马逊"(Rammasun)于 7 月 12 日 14 时(均为北京时间)在美国关岛以西大约 210 km 的西北太平洋洋面上生成，14 日 11 时加强为强热带风暴，17 时加强为台风，15 日傍晚以强台风级别登陆菲律宾东部沿海，16 日 08 时以台风强度移入南海东部海面，之后稳定地向西北方向加速移动，17 日 17 时急剧增强为强台风，18 日 05 时在我国近海加强为超强台风。18 日 15 时 30 分前后，"威马逊"在海南省文昌市翁田镇沿海首次登陆我国，登陆时中心附

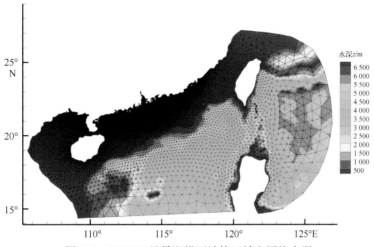

图 1.1　FVCOM 风暴潮模型计算区域和网格水深

近最大风力有 17 级（60 m/s），中心最低气压为 910 hPa。19 时 30 分前后，"威马逊"在广东省徐闻县龙塘镇沿海再次登陆，登陆时中心附近最大风力仍有 17 级（60 m/s），中心最低气压为 910 hPa。"威马逊"穿过雷州半岛后，进入北部湾，并于 19 日 07 时 10 分前后，在广西壮族自治区防城港市光坡镇沿海第三次登陆，登陆时中心附近最大风力有 15 级（48 m/s），中心最低气压为 950 hPa。19 日晚间，"威马逊"在中越交界附近地区减弱为热带风暴。图 1.2 为台风"威马逊"的移动路径。

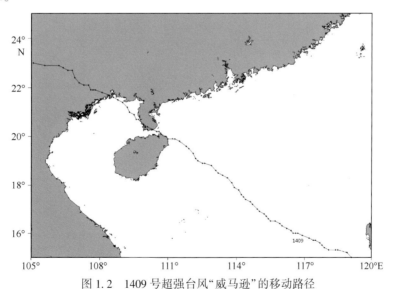

图 1.2　1409 号超强台风"威马逊"的移动路径

在整个台风过程中，"威马逊"给海南、广东、广西等省（自治区）带来了较强的风暴增水，其中对广东湛江的影响最大，最大增水接近 400 cm（图 1.3）。通过与湛江站（图 1.4）和硇洲站（图 1.5）的实测增水结果比较，FVCOM 建立的风暴潮模型可以较好地重现"威马逊"期间湛江附近海域的风暴潮过程。无论是相位，还是振幅，FVCOM 的模拟结果都与实测结果吻合较好，最大增水的相对误差在湛江、硇洲和南渡 3 个站均小于 10%（表 1.1）。

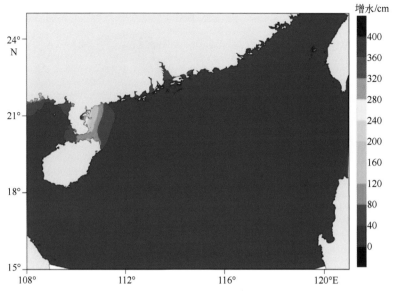

图 1.3　1409 号"威马逊"台风过程产生的最大增水分布

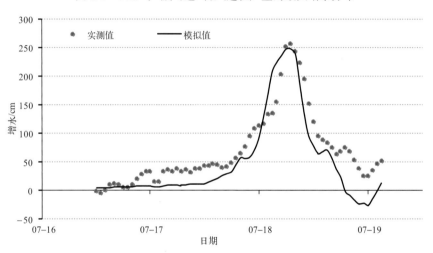

图 1.4　1409 号超强台风"威马逊"期间湛江站增水曲线对比图

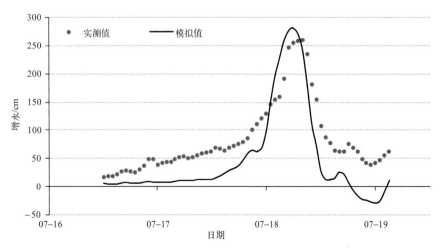

图 1.5　1409 号超强台风"威马逊"期间硇洲站增水曲线对比图

表1.1　湛江海域1409号台风"威马逊"期间风暴潮的模拟增水与实测结果对比

台风编号	站名	模拟最大增水/cm	实测最大增水/cm	绝对误差/cm	相对误差(%)
1409	湛江	248	256	8	3.1
	硇洲	282	260	22	8.5
	南渡	383	392	9	2.3

2）1415号台风"海鸥"的模拟

2014年第15号强台风"海鸥"（Kalmaegi）于9月12日14时在西北太平洋海面生成，于13日17时加强为台风，于15日02时移入南海东部海面，之后保持稳定的西偏北路径移动，于16日09时40分前后以台风级别(40 m/s)在海南省文昌市翁田镇沿海短暂登陆，于16日12时45分在广东省湛江徐闻县南部沿海再次登陆，登陆级别为台风(40 m/s)。登陆湛江之后，强度减弱，于16日23时前后在越南北部广宁省沿海做最后登陆，登陆级别为台风。图1.6为台风"海鸥"的移动路径。

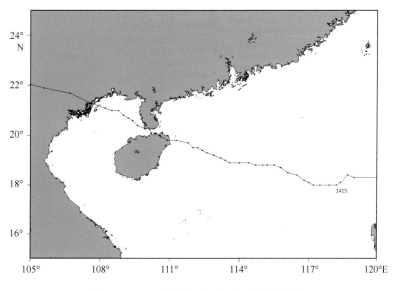

图1.6　1415号强台风"海鸥"的移动路径

1415号台风"海鸥"与1409号超强台风"威马逊"在湛江市的登陆地点相差不大(图1.2和图1.6)，并且"海鸥"的强度还弱于"威马逊"，但是"海鸥"造成的增水却远大于"威马逊"，在湛江以东海域最大增水超过400 cm(图1.7)，湛江站和南渡站甚至测得了历史上第二大的风暴增水，这主要与台风的移动方向和移动速度有关。当台风以180°角(正西向)移动并登陆湛江时，所产生的风暴潮最大，其次是157.5°，并且随着角度的减小而减小(表1.2)。台风移动速度越快，对湛江海域造成的风暴潮也越大(表1.3)，两者之间呈对数关系。"海鸥"以接近157.5°的角度和30 km/h的速度登陆湛江，是导致其增水远大于"威马逊"的重要原因。此外，"海鸥"的云团范围和风圈比较大,并且登陆湛江时沿海潮位正处于涨潮时段,同样有利于风暴增水(张敏等,2015)。

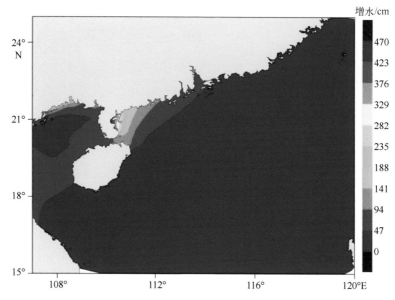

图 1.7   1415 号"海鸥"台风过程产生的最大增水分布

表 1.2   不同移动方向台风影响下湛江站、南渡站和硇洲站产生的最大风暴增水(cm)

移动方向	90°	112.5°	135°	157.5°	180°	202.5°
湛江站	272	277	280	320	340	286
南渡站	313	322	346	400	429	383
硇洲站	246	251	283	338	367	313

表 1.3   不同移动速度台风影响下湛江站、南渡站和硇洲站产生的最大风暴增水(cm)

移动速度	15 km/h	20 km/h	25 km/h	30 km/h	35 km/h	40 km/h
湛江站	271	340	398	436	460	489
南渡站	362	429	487	526	551	568
硇洲站	301	367	417	453	476	490

通过与湛江站(图 1.8)和硇洲站(图 1.9)的实测增水进行比较,FVCOM 的模拟结果在相位和振幅上均与实测结果吻合得较好。对最大增水进行误差分析,除硇洲站的最大增水误差较大外,湛江站和南渡站的相对误差均没有超过 1%(表 1.4),因此可以较好地重现"海鸥"期间湛江附近海域的风暴潮过程。

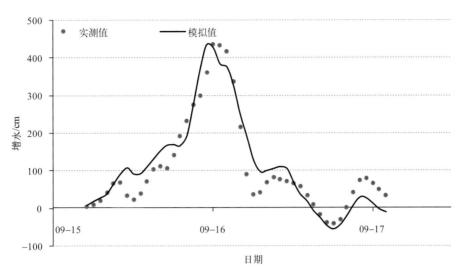

图 1.8　1415 号台风"海鸥"期间湛江站增水曲线对比图

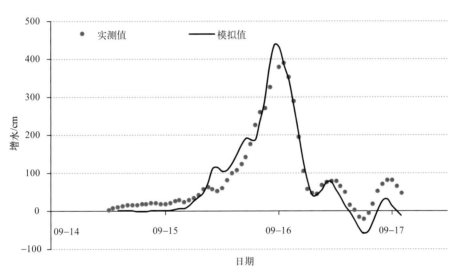

图 1.9　1415 号台风"海鸥"期间硇洲站增水曲线对比图

表 1.4　湛江海域 1415 号台风风暴潮过程模拟与实测结果对比

台风编号	站名	模拟最大增水/cm	实测最大增水/cm	绝对误差/cm	相对误差(%)
1415	湛江	433	435	2	0.5
	硇洲	437	388	49	12.6
	南渡	498	495	3	0.6

1.3　温带风暴潮数值模式

关于温带风暴潮，英国海洋学家 Heaps 在 Bidston 海洋研究所二维线性模式的基础上开发了一个自动化温带风暴潮预报模型——海模式（Sea Model）（Heaps，1973，1983）。海模式考虑了天文潮和风暴潮之间的相互作用，可以计算出不列颠群岛大陆架逐时全过程的风暴潮变化。它的大气输入场（如气压和风应力）来自一个垂向 10 层的大气模式提供的预报结果，到 1982 年，大气模式发展为 15 层，天文潮侧边界也由原来的 M2，S2 两个分潮增加到 6 个（O_1、K_1、N_2、M_2、S_2、K_2）。从 20 世纪 90 年代开始，风暴潮与天文潮耦合的二维水流模型开始成为风暴潮业务预报的主要手段（Roy，1995），同时风暴潮三维水流数值模型也开始发展（Yamashita et al.，1994；Bode et al.，1997；Jones et al.，2001）。Hubbert 等（1999）开发了一个风暴潮漫滩数学模型，即 HM（Hubbert and McInnes）模式。在此基础上，Xie 等（2004）对 HM 模式进行了改进，建立了 XPP 模式，并将其应用于三维计算。Jones 等（2001）建立了一个高分辨率（网格为 1 km 量级）的三维模型，并在模型中考虑了波浪和海流的相互作用，很好地模拟了 1977 年 11 月发生在东爱尔兰海的风暴潮。基于非结构三角形网格，王培涛等（2010）利用 ELCIRC（3D Eulerian-Lagrangian Circulation）海洋模型建立了一套适合黄、渤海高分辨率的温带风暴潮数值预报模式，它可以很好地模拟发生在 2009 年的两次温带风暴潮过程。

本节主要从静水压强假设条件下的三维运动基本方程出发，应用交替方向隐式差分方法（Alternating Direction Implicit Method，ADI）对控制方程进行离散求解，并采用嵌套加密技术，建立了一个黄、渤海大范围海域和渤海湾小范围海域的拟三维温带风暴潮数学模型。利用该模型对 2009 年 5 月 8—10 日的一次温带风暴潮过程进行模拟，并与实测增水结果进行比对验证（付庆军，2010）。

1.3.1　风暴潮三维分层计算模式的控制方程

在静水压强假设下，不可压缩流体的三维流动的基本方程如下：

$$\frac{\partial u}{\partial x} + \frac{\partial v}{\partial y} + \frac{\partial w}{\partial z} = 0 \tag{1.65}$$

$$\frac{\partial u}{\partial t} + \frac{\partial(uu)}{\partial x} + \frac{\partial(uv)}{\partial y} + \frac{\partial(uw)}{\partial z} - fv = -\frac{1}{\rho}\frac{\partial p}{\partial x} + \frac{1}{\rho}\left(\frac{\partial \tau_{xx}}{\partial x} + \frac{\partial \tau_{yx}}{\partial y} + \frac{\partial \tau_{zx}}{\partial z}\right) \tag{1.66}$$

$$\frac{\partial v}{\partial t} + \frac{\partial(uv)}{\partial x} + \frac{\partial(vv)}{\partial y} + \frac{\partial(vw)}{\partial z} + fu = -\frac{1}{\rho}\frac{\partial p}{\partial y} + \frac{1}{\rho}\left(\frac{\partial \tau_{xy}}{\partial x} + \frac{\partial \tau_{yy}}{\partial y} + \frac{\partial \tau_{zy}}{\partial z}\right) \tag{1.67}$$

$$\frac{\partial p}{\partial z} = -\rho g \tag{1.68}$$

式中，u、v、w 分别为 x、y、z 方向的速度分量；ρ 为流体密度；g 为重力加速度；p 为压强；τ_{xx}、τ_{yx}、τ_{zx}、τ_{xy}、τ_{yy} 和 τ_{zy} 分别为流体受到的切应力；f 为科氏参量（$f = 2\omega\sin\varphi$），其中 $\omega = 7.29 \times 10^{-5}$ rad/s 为地球自转的角速度；φ 为纬度。

本节所使用的风暴潮计算模型是一个拟三维模型，在垂向上分为上、中、下三层，模型采用的坐标系如图 1.10 所示，计算的微元体示意图如图 1.11 所示。

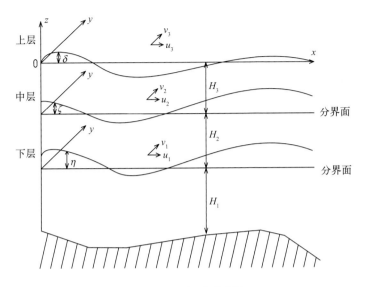

图 1.10　坐标系示意图

在图中，H_1、H_2、H_3 分别为下、中、上三层的静水深，η、ζ、δ 分别为下、中、上三层的水面升降，z_1、z_2、z_3 为水平空间上任意一点的下、中、上层水位，$z_0 = -H_1 - H_2 - H_3$，$z_1 = -H_2 - H_3 + \eta$，$z_2 = -H_3 + \zeta$，$z_3 = \delta$，下、中、上层的厚度分别为 $D_1 = H_1 + \eta$，$D_2 = H_2 + \zeta - \eta$，$D_3 = H_3 + \delta - \zeta$。

将连续性方程[式（1.65）]在垂向各层内沿水深积分并取平均，

下层：

$$\frac{1}{D_1}\int_{z_0}^{z_1}\frac{\partial u}{\partial x}\mathrm{d}z + \frac{1}{D_1}\int_{z_0}^{z_1}\frac{\partial v}{\partial y}\mathrm{d}z + \frac{1}{D_1}\int_{z_0}^{z_1}\frac{\partial w}{\partial z}\mathrm{d}z = 0 \qquad (1.69)$$

中层：

$$\frac{1}{D_2}\int_{z_1}^{z_2}\frac{\partial u}{\partial x}\mathrm{d}z + \frac{1}{D_2}\int_{z_1}^{z_2}\frac{\partial v}{\partial y}\mathrm{d}z + \frac{1}{D_2}\int_{z_1}^{z_2}\frac{\partial w}{\partial z}\mathrm{d}z = 0 \qquad (1.70)$$

上层：

$$\frac{1}{D_3}\int_{z_2}^{z_3}\frac{\partial u}{\partial x}\mathrm{d}z + \frac{1}{D_3}\int_{z_2}^{z_3}\frac{\partial v}{\partial y}\mathrm{d}z + \frac{1}{D_3}\int_{z_2}^{z_3}\frac{\partial w}{\partial z}\mathrm{d}z = 0 \qquad (1.71)$$

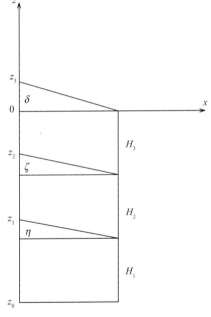

图 1.11　计算微元体示意图

应用莱布尼兹积分公式对上述 3 个方程进行积分求解，并将 $z_0 = -H_1 - H_2 - H_3$，$z_1 = -H_2 - H_3 + \eta$，$z_2 = -H_3 + \zeta$，$z_3 = \delta$ 代入方程，得到下、中、上层的连续性方程，

下层：

$$\frac{\partial \eta}{\partial t} + \frac{\partial D_1 u_1}{\partial x} + \frac{\partial D_1 v_1}{\partial y} = 0 \qquad (1.72)$$

中层：

$$\frac{\partial \zeta}{\partial t} + \frac{\partial D_2 u_2}{\partial x} + \frac{\partial D_2 v_2}{\partial y} + \frac{\partial D_1 u_1}{\partial x} + \frac{\partial D_1 v_1}{\partial y} = 0 \tag{1.73}$$

上层：

$$\frac{\partial \delta}{\partial t} + \frac{\partial D_3 u_3}{\partial x} + \frac{\partial D_3 v_3}{\partial y} + \frac{\partial D_2 u_2}{\partial x} + \frac{\partial D_2 v_2}{\partial y} + \frac{\partial D_1 u_1}{\partial x} + \frac{\partial D_1 v_1}{\partial y} = 0 \tag{1.74}$$

式中，$u_1 = \frac{1}{D_1} \int_{z_0}^{z_1} u\mathrm{d}z$ 为整个下层平均的纬向流速；$v_1 = \frac{1}{D_1} \int_{z_0}^{z_1} v\mathrm{d}z$ 是下层平均的经向流速；同理，$u_2 = \frac{1}{D_2} \int_{z_1}^{z_2} u\mathrm{d}z$ 和 $v_2 = \frac{1}{D_2} \int_{z_1}^{z_2} v\mathrm{d}z$ 分别为中层平均的纬向流速和经向流速；$u_3 = \frac{1}{D_3} \int_{z_2}^{z_3} u\mathrm{d}z$ 和 $v_3 = \frac{1}{D_3} \int_{z_2}^{z_3} v\mathrm{d}z$ 分别为上层平均的纬向流速和经向流速。

将式(1.66)和式(1.67)在垂向各层内做平均，并应用莱布尼兹积分公式进行积分求解，分别得到下、中、上层的运动方程，

下层：

$$\frac{\partial u_1}{\partial t} + u_1 \frac{\partial u_1}{\partial x} + v_1 \frac{\partial u_1}{\partial y} - f v_1$$

$$= -g \frac{\partial \delta}{\partial x} - \frac{\gamma_1^2 u_1 \sqrt{(u_2 - u_1)^2 + (v_2 - v_1)^2}}{D_1} - \frac{\gamma_b^2 u_1 \sqrt{(u_1 + v_1)^2}}{D_1} \tag{1.75}$$

$$\frac{\partial v_1}{\partial t} + u_1 \frac{\partial v_1}{\partial x} + v_1 \frac{\partial v_1}{\partial y} + f u_1$$

$$= -g \frac{\partial \delta}{\partial y} - \frac{\gamma_1^2 v_1 \sqrt{(u_2 - u_1)^2 + (v_2 - v_1)^2}}{D_1} - \frac{\gamma_b^2 v_1 \sqrt{(u_1 + v_1)^2}}{D_1} \tag{1.76}$$

中层：

$$\frac{\partial u_2}{\partial t} + u_2 \frac{\partial u_2}{\partial x} + v_2 \frac{\partial u_2}{\partial y} - f v_2$$

$$= -g \frac{\partial \delta}{\partial x} - \frac{\gamma_2^2 u_2 \sqrt{(u_3 - u_2)^2 + (v_3 - v_2)^2}}{D_2} - \frac{\gamma_1^2 u_2 \sqrt{(u_2 - u_1)^2 + (v_2 - v_1)^2}}{D_2} \tag{1.77}$$

$$\frac{\partial v_2}{\partial t} + u_2 \frac{\partial v_2}{\partial x} + v_2 \frac{\partial v_2}{\partial y} + f u_2$$

$$= -g \frac{\partial \delta}{\partial y} - \frac{\gamma_2^2 v_2 \sqrt{(u_3 - u_2)^2 + (v_3 - v_2)^2}}{D_2} - \frac{\gamma_1^2 v_2 \sqrt{(u_2 - u_1)^2 + (v_2 - v_1)^2}}{D_2} \tag{1.78}$$

上层：

$$\frac{\partial u_3}{\partial t} + u_3 \frac{\partial u_3}{\partial x} + v_3 \frac{\partial u_3}{\partial y} - f v_3$$

$$= -g \frac{\partial \delta}{\partial x} + \frac{\tau_{zx}}{\rho D_3} - \frac{\gamma_2^2 u_3 \sqrt{(u_3 - u_2)^2 + (v_3 - v_2)^2}}{D_3} \tag{1.79}$$

$$\frac{\partial v_3}{\partial t} + u_3 \frac{\partial v_3}{\partial x} + v_3 \frac{\partial v_3}{\partial y} + f u_3$$

$$= -g \frac{\partial \delta}{\partial y} + \frac{\tau_{zy}}{\rho D_3} - \frac{\gamma_2^2 v_3 \sqrt{(u_3 - u_2)^2 + (v_3 - v_2)^2}}{D_3} \tag{1.80}$$

式中，γ_b 为底摩擦系数；γ_2 为二、三层之间的摩擦系数；γ_1 为一、二层之间的摩擦系数。

岸边界为 $v_n = 0$（n 为边界法线方向），水边界为 $\frac{\partial v}{\partial n} = 0$，$\zeta = \zeta^*$，初始条件为：当 $t = 0$ 时，$\zeta = 0$，$u_1 = v_1 = u_2 = v_2 = u_3 = v_3 = 0$。

1.3.2 拟三维控制方程的离散

本节采用 ADI 差分法对 1.3.1 节中的控制方程进行离散求解。ADI 法是一种显式-隐式交替使用的有限差分格式，将一个时间步长 Δt 分为两个半步长，在前半时间步长内，对连续方程和 x 方向的运动方程进行隐式求解，沿 y 方向对运动方程进行显式求解；在后半时间步长内，对连续方程和 y 方向的运动方程进行隐式求解，沿 x 方向对运动方程进行显式求解。按照这个方法进行显隐交替求解，计算出每个时间步长上各空间点的流速和水深。变量的布置如图 1.12 所示，差分的交错网格为正方形网格，网格间距为 $\Delta x = \Delta y = \Delta s$，○ 在每个正方形顶点处，表示增水位 ζ 和压强 p_0 的位置，× 表示水深 h 的位置，│ 表示 x 方向速度 u 的位置，— 表示 y 方向速度 v 的位置。

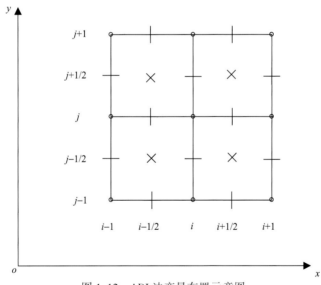

图 1.12　ADI 法变量布置示意图

1）在 $k\Delta t \rightarrow (k + 1/2)\Delta t$ 时间段内

式（1.72）在点 (i, j) 上对 ζ、u 隐式求解，对 v 显式求解，

$$\eta^{\left(k + \frac{1}{2}\right)} = \eta^{(k)} - \frac{1}{2} \frac{\Delta t}{\Delta s} \left[(\overline{H_1}^y + \overline{\eta}^{x(k)}) u_1^{k + \frac{1}{2}} \right]_x - \frac{1}{2} \frac{\Delta t}{\Delta s} \left[(\overline{H_1}^x + \overline{\eta}^{y(k)}) v_1^k \right]_y \tag{1.81}$$

式(1.73)在点(i, j)上对ζ、u隐式求解，对v显式求解，

$$\zeta^{\left(k+\frac{1}{2}\right)} = \zeta^{(k)} - \frac{1}{2}\frac{\Delta t}{\Delta s}\left[(\overline{H_2}^y + \overline{\zeta}^{x(k)} - \overline{\eta}^{x(k)})u_2^{k+\frac{1}{2}}\right]_x - \frac{1}{2}\frac{\Delta t}{\Delta s}\left[(\overline{H_1}^y + \overline{\eta}^{x(k)})u_1^{k+\frac{1}{2}}\right]_x -$$
$$\frac{1}{2}\frac{\Delta t}{\Delta s}\left[(\overline{H_2}^x + \overline{\zeta}^{y(k)} - \overline{\eta}^{y(k)})v_2^k\right]_y - \frac{1}{2}\frac{\Delta t}{\Delta s}\left[(\overline{H_1}^x + \overline{\eta}^{y(k)})v_1^k\right]_y \quad (1.82)$$

式(1.74)在点(i, j)上对ζ、u隐式求解，对v显式求解，

$$\delta^{\left(k+\frac{1}{2}\right)} = \delta^{(k)} - \frac{1}{2}\frac{\Delta t}{\Delta s}\left[(\overline{H_3}^y + \overline{\delta}^{x(k)} - \overline{\zeta}^{x(k)})u_3^{k+\frac{1}{2}}\right]_x -$$
$$\frac{1}{2}\frac{\Delta t}{\Delta s}\left[(\overline{H_2}^y + \overline{\zeta}^{x(k)} - \overline{\eta}^{x(k)})u_2^{k+\frac{1}{2}}\right]_x - \frac{1}{2}\frac{\Delta t}{\Delta s}\left[(\overline{H_1}^y + \overline{\eta}^{x(k)})u_1^{k+\frac{1}{2}}\right]_x -$$
$$\frac{1}{2}\frac{\Delta t}{\Delta s}\left[(\overline{H_3}^x + \overline{\delta}^{y(k)} - \overline{\zeta}^{y(k)})v_3^k\right]_y - \frac{1}{2}\frac{\Delta t}{\Delta s}\left[(\overline{H_2}^x + \overline{\zeta}^{y(k)} - \overline{\eta}^{y(k)})v_2^k\right]_y -$$
$$\frac{1}{2}\frac{\Delta t}{\Delta s}\left[(\overline{H_1}^x + \overline{\eta}^{y(k)})v_1^k\right]_y \quad (1.83)$$

式(1.75)在点$\left(i+\frac{1}{2}, j\right)$上对$\zeta$、$u$隐式求解，对$v$显式求解，

$$u_1^{\left(k+\frac{1}{2}\right)} = u_1^{(k)} + \frac{1}{2}\Delta t f\overline{\overline{v_1}}^{(k)} - \frac{1}{2}\Delta t u_1^{\left(k+\frac{1}{2}\right)}\left\langle\frac{\partial u_1^{(k)}}{\partial x}\right\rangle_{i+\frac{1}{2}, j} -$$
$$\frac{1}{2}\Delta t\,\overline{\overline{v_1}}^{(k)}\left\langle\frac{\partial u_1^{(k)}}{\partial y}\right\rangle_{i+\frac{1}{2}, j} - \frac{1}{2}\frac{\Delta t}{\Delta s}g\delta_x^{(k)} + \frac{1}{2}\frac{\Delta t}{\Delta s}g\eta_x^{(k)} -$$
$$\gamma_1^2 u_{1i+\frac{1}{2}, j}^k\sqrt{\left(u_{2i+\frac{1}{2}, j}^k - u_{1i+\frac{1}{2}, j}^k\right)^2 + \left(\overline{\overline{v}}_{2i+\frac{1}{2}, j}^k - \overline{\overline{v}}_{1i+\frac{1}{2}, j}^k\right)^2}\Big/(\overline{H_1}^y + \overline{\eta}^{x(k)}) -$$
$$\gamma_b^2 u_{1i+\frac{1}{2}, j}^k\sqrt{\left(u_{1i+\frac{1}{2}, j}^k + \overline{\overline{v}}_{1i+\frac{1}{2}, j}^k\right)^2}\Big/(\overline{H_1}^y + \overline{\eta}^{x(k)}) \quad (1.84)$$

式(1.77)在点$\left(i+\frac{1}{2}, j\right)$上对$\zeta$、$u$隐式求解，对$v$显式求解，

$$u_2^{\left(k+\frac{1}{2}\right)} = u_2^{(k)} + \frac{1}{2}\Delta t f\overline{\overline{v_2}}^{(k)} - \frac{1}{2}\Delta t u_2^{\left(k+\frac{1}{2}\right)}\left\langle\frac{\partial u_2^{(k)}}{\partial x}\right\rangle_{i+\frac{1}{2}, j} -$$
$$\frac{1}{2}\Delta t\,\overline{\overline{v_2}}^{(k)}\left\langle\frac{\partial u_2^{(k)}}{\partial y}\right\rangle_{i+\frac{1}{2}, j} - \frac{1}{2}\frac{\Delta t}{\Delta s}g\delta_x^{(k)} + \frac{1}{2}\frac{\Delta t}{\Delta s}g\zeta_x^{(k)} -$$
$$\gamma_2^2 u_{2i+\frac{1}{2}, j}^k\sqrt{\left(u_{3i+\frac{1}{2}, j}^k - u_{2i+\frac{1}{2}, j}^k\right)^2 + \left(\overline{\overline{v}}_{3i+\frac{1}{2}, j}^k - \overline{\overline{v}}_{2i+\frac{1}{2}, j}^k\right)^2}\Big/(\overline{H_2}^y + \overline{\zeta}^{x(k)} - \overline{\eta}^{x(k)}) -$$
$$\gamma_1^2 u_{2i+\frac{1}{2}, j}^k\sqrt{\left(u_{2i+\frac{1}{2}, j}^k\right)^2 + \left(\overline{\overline{v}}_{2i+\frac{1}{2}, j}^k - \overline{\overline{v}}_{1i+\frac{1}{2}, j}^k\right)^2}\Big/(\overline{H_2}^y + \overline{\zeta}^{x(k)} - \overline{\eta}^{x(k)}) \quad (1.85)$$

式(1.79)在点$\left(i+\frac{1}{2}, j\right)$上对$\zeta$、$u$隐式求解，对$v$显式求解，

$$u_3^{\left(k+\frac{1}{2}\right)} = u_3^{(k)} + \frac{1}{2}\Delta t f \overline{\overline{v_3}}^{(k)} - \frac{1}{2}\Delta t u_3^{\left(k+\frac{1}{2}\right)} \left\langle \frac{\partial u_3^{(k)}}{\partial x} \right\rangle_{i+\frac{1}{2},\,j} - $$

$$\frac{1}{2}\Delta t \overline{\overline{v_3}}^{(k)} \left\langle \frac{\partial u_3^{(k)}}{\partial y} \right\rangle_{i+\frac{1}{2},\,j} - \frac{1}{2}\frac{\Delta t}{\Delta s}g\delta_x^{\left(k+\frac{1}{2}\right)} - $$

$$\gamma_2^2 u_{3\,i+\frac{1}{2},\,j}^k \sqrt{\left(u_{3\,i+\frac{1}{2},\,j}^k - u_{2\,i+\frac{1}{2},\,j}^k\right)^2 + \left(\overline{\overline{v_{3\,i+\frac{1}{2},\,j}^k}} - \overline{\overline{v_{2\,i+\frac{1}{2},\,j}^k}}\right)^2} \Big/ \left(\overline{H_3}^y + \overline{\delta}^{x(k)} - \overline{\zeta}^{x(k)}\right) - $$

$$\frac{1}{2}\Delta t \frac{\overline{\tau}_{(x)}^{x(k)}}{\rho\left(\overline{H_3}^y + \overline{\delta}^{x(k)} - \overline{\zeta}^{x(k)}\right)} \tag{1.86}$$

式（1.76）在点$\left(i,\,j+\frac{1}{2}\right)$上对$\zeta$、$u$隐式求解，对$v$显式求解，

$$v_1^{\left(k+\frac{1}{2}\right)} = v_1^{(k)} - \frac{1}{2}\Delta t f \overline{\overline{u_1}}^{\left(k+\frac{1}{2}\right)} - \frac{1}{2}\Delta t \overline{\overline{u_1}}^{\left(k+\frac{1}{2}\right)} \left\langle \frac{\partial v_1^{(k)}}{\partial x} \right\rangle_{i,\,j+\frac{1}{2}} - $$

$$\frac{1}{2}\Delta t v_1^{\left(k+\frac{1}{2}\right)} \left\langle \frac{\partial v_1^{(k)}}{\partial y} \right\rangle_{i,\,j+\frac{1}{2}} - \frac{1}{2}\frac{\Delta t}{\Delta s}g\delta_y^{(k)} - $$

$$\gamma_1^2 v_{1\,i,\,j+\frac{1}{2}}^k \sqrt{\left(\overline{\overline{u_{2\,i,\,j+\frac{1}{2}}^{k+\frac{1}{2}}}} - \overline{\overline{u_{1\,i,\,j+\frac{1}{2}}^{k+\frac{1}{2}}}}\right)^2 + \left(v_{2\,i,\,j+\frac{1}{2}}^k - v_{1\,i,\,j+\frac{1}{2}}^k\right)^2} \Big/ \left(\overline{H_1}^x + \overline{\eta}^{y(k)}\right) - $$

$$\gamma_b^2 v_{1\,i,\,j+\frac{1}{2}}^k \sqrt{\left(\overline{\overline{u_{1\,i,\,j+\frac{1}{2}}^{k+\frac{1}{2}}}}\right)^2 + \left(v_{1\,i,\,j+\frac{1}{2}}^k\right)^2} \Big/ \left(\overline{H_1}^x + \overline{\eta}^{y(k)}\right) \tag{1.87}$$

式（1.78）在点$\left(i,\,j+\frac{1}{2}\right)$上对$\zeta$、$u$隐式求解，对$v$显式求解，

$$v_2^{\left(k+\frac{1}{2}\right)} = v_2^{(k)} - \frac{1}{2}\Delta t f \overline{\overline{u_2}}^{\left(k+\frac{1}{2}\right)} - \frac{1}{2}\Delta t \overline{\overline{u_2}}^{\left(k+\frac{1}{2}\right)} \left\langle \frac{\partial v_2^{(k)}}{\partial x} \right\rangle_{i,\,j+\frac{1}{2}} - $$

$$\frac{1}{2}\Delta t v_2^{\left(k+\frac{1}{2}\right)} \left\langle \frac{\partial v_2^{(k)}}{\partial y} \right\rangle_{i,\,j+\frac{1}{2}} - \frac{1}{2}\frac{\Delta t}{\Delta s}g\delta_y^{(k)} - $$

$$\gamma_2^2 v_{2\,i,\,j+\frac{1}{2}}^k \sqrt{\left(\overline{\overline{u_{3\,i,\,j+\frac{1}{2}}^{k+\frac{1}{2}}}} - \overline{\overline{u_{2\,i,\,j+\frac{1}{2}}^{k+\frac{1}{2}}}}\right)^2 + \left(v_{3\,i,\,j+\frac{1}{2}}^k - v_{2\,i,\,j+\frac{1}{2}}^k\right)^2} \Big/ \left(\overline{H_2}^x + \overline{\delta}^{y(k)} - \overline{\zeta}^{y(k)}\right) - $$

$$\gamma_1^2 v_{2\,i,\,j+\frac{1}{2}}^k \sqrt{\left(\overline{\overline{u_{2\,i,\,j+\frac{1}{2}}^{k+\frac{1}{2}}}} - \overline{\overline{u_{1\,i,\,j+\frac{1}{2}}^{k+\frac{1}{2}}}}\right)^2 + \left(v_{2\,i,\,j+\frac{1}{2}}^k - v_{1\,i,\,j+\frac{1}{2}}^k\right)^2} \Big/ \left(\overline{H_2}^x + \overline{\zeta}^{y(k)} - \overline{\eta}^{y(k)}\right) \tag{1.88}$$

式（1.80）在点$\left(i,\,j+\frac{1}{2}\right)$上对$\zeta$、$u$隐式求解，对$v$显式求解，

$$v_3^{\left(k+\frac{1}{2}\right)} = v_3^{(k)} - \frac{1}{2}\Delta t f \overline{\overline{u_3}}^{\left(k+\frac{1}{2}\right)} - \frac{1}{2}\Delta t \overline{\overline{u_3}}^{\left(k+\frac{1}{2}\right)} \left\langle \frac{\partial v_3^{(k)}}{\partial x} \right\rangle_{i,\,j+\frac{1}{2}} - $$

$$\frac{1}{2}\Delta t v_3^{\left(k+\frac{1}{2}\right)} \left\langle \frac{\partial v_3^{(k)}}{\partial y} \right\rangle_{i,\,j+\frac{1}{2}} - \frac{1}{2}\frac{\Delta t}{\Delta s}g\delta_y^{(k)} - $$

$$\gamma_2^2 v_{3\,i,\,j+\frac{1}{2}}^k \sqrt{\left(\overline{\overline{u_{3\,i,\,j+\frac{1}{2}}^{k+\frac{1}{2}}}} - \overline{\overline{u_{2\,i,\,j+\frac{1}{2}}^{k+\frac{1}{2}}}}\right)^2 + \left(v_{3\,i,\,j+\frac{1}{2}}^k - v_{2\,i,\,j+\frac{1}{2}}^k\right)^2} \Big/ \left(\overline{H_3}^x + \overline{\zeta}^{y(k)} - \overline{\eta}^{y(k)}\right) - $$

$$\frac{1}{2}\Delta t \frac{\overline{\tau}_{(y)}^{y(k)}}{\rho\left(\overline{H_3}^x + \overline{\delta}^{y(k)} - \overline{\zeta}^{y(k)}\right)} \tag{1.89}$$

式中，$F_{i,j}^{(k)}=F(i\Delta x,\ j\Delta y,\ k\Delta t)$；$\Delta x=\Delta y=\Delta s$；$i=0,\ \pm\frac{1}{2},\ \pm1,\ \pm\frac{3}{2},\ \pm2,\ \cdots$；$j=0,\ \pm\frac{1}{2},\ \pm1,$

$\pm\frac{3}{2},\ \pm2,\ \cdots$；$k=0,\ \frac{1}{2},\ 1,\ \frac{3}{2},\ 2,\ \cdots$；$\overline{F}_{i+\frac{1}{2},j}^{x}=\frac{1}{2}(F_{i,j}+F_{i+1,j})$；$\overline{F}_{i,j+\frac{1}{2}}^{y}=\frac{1}{2}(F_{i,j}+F_{i,j+1})$；$F_{x}=F_{i,j}-$

$F_{i-1,j}$ 位于 $\left(i-\frac{1}{2},\ j\right)$ 点；$F_{y}=F_{i,j}-F_{i,j-1}$ 位于 $\left(i,\ j-\frac{1}{2}\right)$ 点；$\overline{\overline{F}}_{i+\frac{1}{2},j+\frac{1}{2}}=\frac{1}{4}(F_{i,j}+F_{i,j+1}+F_{i+1,j}+F_{i+1,j+1})$；

$\left\langle\dfrac{\partial u}{\partial x}\right\rangle_{i+\frac{1}{2},j}=\dfrac{1}{2\Delta s}(u_{i+\frac{3}{2},j}-u_{i-\frac{1}{2},j})$；$\left\langle\dfrac{\partial u}{\partial y}\right\rangle_{i+\frac{1}{2},j}=\dfrac{1}{2\Delta s}(u_{i+\frac{1}{2},j+1}-u_{i+\frac{1}{2},j-1})$；$\left\langle\dfrac{\partial v}{\partial x}\right\rangle_{i,j+\frac{1}{2}}=\dfrac{1}{2\Delta s}(v_{i+1,j+\frac{1}{2}}-v_{i-1,j+\frac{1}{2}})$；

$\left\langle\dfrac{\partial v}{\partial y}\right\rangle_{i,j+\frac{1}{2}}=\dfrac{1}{2\Delta s}(v_{i,j+\frac{3}{2}}-v_{i,j-\frac{1}{2}})$。

2）在 $(k+1/2)\Delta t\to(k+1)\Delta t$ 时间段内

式（1.72）在点 $(i,\ j)$ 上对 ζ、v 隐式求解，对 u 显式求解，

$$\eta^{(k+1)}=\eta^{\left(k+\frac{1}{2}\right)}-\frac{1}{2}\frac{\Delta t}{\Delta s}\left[(\overline{H_1}^y+\overline{\eta}^{x\left(k+\frac{1}{2}\right)})u_1^{k+\frac{1}{2}}\right]_x-\frac{1}{2}\frac{\Delta t}{\Delta s}\left[(\overline{H_1}^x+\overline{\eta}^{y\left(k+\frac{1}{2}\right)})v_1^{k+1}\right]_y \quad (1.90)$$

式（1.73）在点 $(i,\ j)$ 上对 ζ、v 隐式求解，对 u 显式求解，

$$\zeta^{(k+1)}=\zeta^{\left(k+\frac{1}{2}\right)}-\frac{1}{2}\frac{\Delta t}{\Delta s}\left[(\overline{H_2}^y+\overline{\zeta}^{x\left(k+\frac{1}{2}\right)}-\overline{\eta}^{x\left(k+\frac{1}{2}\right)})u_2^{k+\frac{1}{2}}\right]_x-\frac{1}{2}\frac{\Delta t}{\Delta s}\left[(\overline{H_1}^y+\overline{\eta}^{x\left(k+\frac{1}{2}\right)})u_1^{k+\frac{1}{2}}\right]_x-$$
$$\frac{1}{2}\frac{\Delta t}{\Delta s}\left[(\overline{H_2}^x+\overline{\zeta}^{y\left(k+\frac{1}{2}\right)}-\overline{\eta}^{y\left(k+\frac{1}{2}\right)})v_2^{k+1}\right]_y-\frac{1}{2}\frac{\Delta t}{\Delta s}\left[(\overline{H_1}^x+\overline{\eta}^{y\left(k+\frac{1}{2}\right)})v_1^{k+1}\right]_y$$
$$(1.91)$$

式（1.74）在点 $(i,\ j)$ 上对 ζ、v 隐式求解，对 u 显式求解，

$$\delta^{(k+1)}=\delta^{\left(k+\frac{1}{2}\right)}-\frac{1}{2}\frac{\Delta t}{\Delta s}\left[(\overline{H_3}^y+\overline{\delta}^{x\left(k+\frac{1}{2}\right)}-\overline{\zeta}^{x\left(k+\frac{1}{2}\right)})u_3^{k+\frac{1}{2}}\right]_x-$$
$$\frac{1}{2}\frac{\Delta t}{\Delta s}\left[(\overline{H_2}^y+\overline{\zeta}^{x\left(k+\frac{1}{2}\right)}-\overline{\eta}^{x\left(k+\frac{1}{2}\right)})u_2^{k+\frac{1}{2}}\right]_x-\frac{1}{2}\frac{\Delta t}{\Delta s}\left[(\overline{H_1}^y+\overline{\eta}^{x\left(k+\frac{1}{2}\right)})u_1^{k+\frac{1}{2}}\right]_x-$$
$$\frac{1}{2}\frac{\Delta t}{\Delta s}\left[(\overline{H_3}^x+\overline{\delta}^{y\left(k+\frac{1}{2}\right)}-\overline{\zeta}^{y\left(k+\frac{1}{2}\right)})v_3^{k+1}\right]_y-\frac{1}{2}\frac{\Delta t}{\Delta s}\left[(\overline{H_2}^x+\overline{\zeta}^{y\left(k+\frac{1}{2}\right)}-\overline{\eta}^{y\left(k+\frac{1}{2}\right)})v_2^{k+1}\right]_y-$$
$$\frac{1}{2}\frac{\Delta t}{\Delta s}\left[(\overline{H_1}^x+\overline{\eta}^{y\left(k+\frac{1}{2}\right)})v_1^{k+1}\right]_y$$
$$(1.92)$$

式（1.75）在点 $\left(i+\frac{1}{2},\ j\right)$ 上对 ζ、v 隐式求解，对 u 显式求解，

$$u_1^{(k+1)}=u_1^{\left(k+\frac{1}{2}\right)}+\frac{1}{2}\Delta t f\overline{\overline{v_1}}^{(k+1)}-\frac{1}{2}\Delta t u_1^{(k+1)}\left\langle\frac{\partial u_1^{(k)}}{\partial x}\right\rangle_{i+\frac{1}{2},j}-$$
$$\frac{1}{2}\Delta t\overline{\overline{v_1}}^{(k+1)}\left\langle\frac{\partial u_1^{(k)}}{\partial y}\right\rangle_{i+\frac{1}{2},j}-\frac{1}{2}\frac{\Delta t}{\Delta s}g\delta_x^{\left(k+\frac{1}{2}\right)}-$$
$$\gamma_1^2 u_{1i+\frac{1}{2},j}^{k+\frac{1}{2}}\sqrt{\left(u_{2i+\frac{1}{2},j}^{k+\frac{1}{2}}-u_{1i+\frac{1}{2},j}^{k+\frac{1}{2}}\right)^2+\left(\overline{v}_{2i+\frac{1}{2},j}^{k+1}-\overline{\overline{v_1}}_{i+\frac{1}{2},j}^{k+1}\right)^2}\Big/(\overline{H_1}^y+\overline{\eta}^{x(k+1)})-$$
$$\gamma_b^2 u_{1i+\frac{1}{2},j}^{k+\frac{1}{2}}\sqrt{\left(u_{1i+\frac{1}{2},j}^{k+\frac{1}{2}}+\overline{v}_{1i+\frac{1}{2},j}^{k+1}\right)^2}\Big/(\overline{H_1}^y+\overline{\eta}^{x(k+1)})$$
$$(1.93)$$

式(1.77)在点$\left(i+\dfrac{1}{2},\ j\right)$上对$\zeta$、$v$隐式求解，对$u$显式求解，

$$u_2^{(k+1)} = u_2^{\left(k+\frac{1}{2}\right)} + \frac{1}{2}\Delta t f \overline{\overline{v_2}}^{(k+1)} - \frac{1}{2}\Delta t u_2^{(k+1)} \left\langle \frac{\partial u_2^{\left(k+\frac{1}{2}\right)}}{\partial x} \right\rangle_{i+\frac{1}{2},\ j} -$$

$$\frac{1}{2}\Delta t \overline{\overline{v_2}}^{(k+1)} \left\langle \frac{\partial u_2^{\left(k+\frac{1}{2}\right)}}{\partial y} \right\rangle_{i+\frac{1}{2},\ j} - \frac{1}{2}\frac{\Delta t}{\Delta s} g \delta_x^{\left(k+\frac{1}{2}\right)} -$$

$$\gamma_2^2 u_{2i+\frac{1}{2},\ j}^{k+\frac{1}{2}} \sqrt{\left(u_{3i+\frac{1}{2},\ j}^{k+\frac{1}{2}} - u_{2i+\frac{1}{2},\ j}^{k+\frac{1}{2}}\right)^2 + \left(\overline{v}_{3i+\frac{1}{2},\ j}^{k+1} - \overline{v}_{2i+\frac{1}{2},\ j}^{k+1}\right)^2} \Big/ \left(\overline{H_2}^y + \overline{\zeta}^{x(k+1)} - \overline{\eta}^{x(k+1)}\right) -$$

$$\gamma_1^2 u_{2i+\frac{1}{2},\ j}^{k+\frac{1}{2}} \sqrt{\left(u_{2i+\frac{1}{2},\ j}^{k+\frac{1}{2}} - u_{1i+\frac{1}{2},\ j}^{k+\frac{1}{2}}\right)^2 + \left(\overline{v}_{2i+\frac{1}{2},\ j}^{k+1} - \overline{v}_{1i+\frac{1}{2},\ j}^{k+1}\right)^2} \Big/ \left(\overline{H_2}^y + \overline{\zeta}^{x(k+1)} - \overline{\eta}^{x(k+1)}\right)$$

$$(1.94)$$

式(1.79)在点$\left(i+\dfrac{1}{2},\ j\right)$上对$\zeta$、$v$隐式求解，对$u$显式求解，

$$u_3^{(k+1)} = u_3^{\left(k+\frac{1}{2}\right)} + \frac{1}{2}\Delta t f \overline{\overline{v_3}}^{(k+1)} - \frac{1}{2}\Delta t u_3^{(k+1)} \left\langle \frac{\partial u_3^{\left(k+\frac{1}{2}\right)}}{\partial x} \right\rangle_{i+\frac{1}{2},\ j} -$$

$$\frac{1}{2}\Delta t \overline{\overline{v_3}}^{(k+1)} \left\langle \frac{\partial u_3^{\left(k+\frac{1}{2}\right)}}{\partial y} \right\rangle_{i+\frac{1}{2},\ j} - \frac{1}{2}\frac{\Delta t}{\Delta s} g \delta_x^{\left(k+\frac{1}{2}\right)} -$$

$$\gamma_2^2 u_{3i+\frac{1}{2},\ j}^{k+\frac{1}{2}} \sqrt{\left(u_{3i+\frac{1}{2},\ j}^{k+\frac{1}{2}} - u_{2i+\frac{1}{2},\ j}^{k+\frac{1}{2}}\right)^2 + \left(\overline{v}_{3i+\frac{1}{2},\ j}^{k+1} - \overline{v}_{2i+\frac{1}{2},\ j}^{k+1}\right)^2} \Big/ \left(\overline{H_3}^y + \overline{\delta}^{x(k+1)} - \overline{\zeta}^{x(k+1)}\right) -$$

$$\frac{1}{2}\Delta t \frac{\overline{\tau}_{(x)}^{x(k+1)}}{\rho\left(\overline{H_3}^y + \overline{\delta}^{x(k+1)} - \overline{\zeta}^{x(k+1)}\right)}$$

$$(1.95)$$

式(1.76)在点$\left(i,\ j+\dfrac{1}{2}\right)$上对$\zeta$、$v$隐式求解，对$u$显式求解，

$$v_1^{(k+1)} = v_1^{\left(k+\frac{1}{2}\right)} - \frac{1}{2}\Delta t f \overline{\overline{u_1}}^{\left(k+\frac{1}{2}\right)} - \frac{1}{2}\Delta t \overline{\overline{u_1}}^{\left(k+\frac{1}{2}\right)} \left\langle \frac{\partial v_1^{\left(k+\frac{1}{2}\right)}}{\partial x} \right\rangle_{i,\ j+\frac{1}{2}} -$$

$$\frac{1}{2}\Delta t v_1^{(k+1)} \left\langle \frac{\partial v_1^{\left(k+\frac{1}{2}\right)}}{\partial y} \right\rangle_{i,\ j+\frac{1}{2}} - \frac{1}{2}\frac{\Delta t}{\Delta s} g \delta_y^{\left(k+\frac{1}{2}\right)} + \frac{1}{2}\frac{\Delta t}{\Delta s} g \eta_y^{\left(k+\frac{1}{2}\right)} -$$

$$\gamma_1^2 v_{1i,\ j+\frac{1}{2}}^{k+\frac{1}{2}} \sqrt{\left(\overline{u}_{2i,\ j+\frac{1}{2}}^{k+\frac{1}{2}} - \overline{u}_{1i,\ j+\frac{1}{2}}^{k+\frac{1}{2}}\right)^2 + \left(v_{2i,\ j+\frac{1}{2}}^{k+\frac{1}{2}} - v_{1i,\ j+\frac{1}{2}}^{k+\frac{1}{2}}\right)^2} \Big/ \left(\overline{H_1}^x + \overline{\eta}^{y(k)}\right) -$$

$$\gamma_b^2 v_{1i,\ j+\frac{1}{2}}^{k+\frac{1}{2}} \sqrt{\left(\overline{u}_{1i,\ j+\frac{1}{2}}^{k+\frac{1}{2}}\right)^2 + \left(v_{1i,\ j+\frac{1}{2}}^{k+\frac{1}{2}}\right)^2} \Big/ \left(\overline{H_1}^x + \overline{\eta}^{y(k)}\right)$$

$$(1.96)$$

式(1.78)在点$\left(i,\ j+\dfrac{1}{2}\right)$上对$\zeta$、$v$隐式求解，对$u$显式求解，

$$v_2^{(k+1)} = v_2^{\left(k+\frac{1}{2}\right)} - \frac{1}{2}\Delta t f \overline{\overline{u_2}}^{\left(k+\frac{1}{2}\right)} - \frac{1}{2}\Delta t \,\overline{\overline{u_2}}^{\left(k+\frac{1}{2}\right)} \left\langle \frac{\partial v_2^{\left(k+\frac{1}{2}\right)}}{\partial x} \right\rangle_{i,\,j+\frac{1}{2}} -$$

$$\frac{1}{2}\Delta t v_2^{(k+1)} \left\langle \frac{\partial v_2^{\left(k+\frac{1}{2}\right)}}{\partial y} \right\rangle_{i,\,j+\frac{1}{2}} - \frac{1}{2}\frac{\Delta t}{\Delta s} g \delta_y^{\left(k+\frac{1}{2}\right)} + \frac{1}{2}\frac{\Delta t}{\Delta s} g \zeta_y^{\left(k+\frac{1}{2}\right)} -$$

$$\gamma_2^2 v_{2i,\,j+\frac{1}{2}}^{k+\frac{1}{2}} \sqrt{\left(\overline{\overline{u}}_{3i,\,j+\frac{1}{2}}^{k+\frac{1}{2}} - \overline{\overline{u}}_{2i,\,j+\frac{1}{2}}^{k+\frac{1}{2}}\right)^2 + \left(v_{3i,\,j+\frac{1}{2}}^{k+\frac{1}{2}} - v_{2i,\,j+\frac{1}{2}}^{k+\frac{1}{2}}\right)^2} \Big/ \left(\overline{H_2}^x + \overline{\zeta}^{y(k)} - \overline{\eta}^{y(k)}\right) -$$

$$\gamma_1^2 v_{2\,i,\,j+\frac{1}{2}}^{k+\frac{1}{2}} \sqrt{\left(\overline{\overline{u}}_{2i,\,j+\frac{1}{2}}^{k+\frac{1}{2}} - \overline{\overline{u}}_{1i,\,j+\frac{1}{2}}^{k+\frac{1}{2}}\right)^2 + \left(v_{2i,\,j+\frac{1}{2}}^{k+\frac{1}{2}} - v_{1i,\,j+\frac{1}{2}}^{k+\frac{1}{2}}\right)^2} \Big/ \left(\overline{H_2}^x + \overline{\zeta}^{y(k)} - \overline{\eta}^{y(k)}\right) \tag{1.97}$$

式(1.80)在点$\left(i,\,j+\frac{1}{2}\right)$上对$\zeta$、$v$隐式求解，对$u$显式求解，

$$v_3^{(k+1)} = v_3^{\left(k+\frac{1}{2}\right)} - \frac{1}{2}\Delta t f \overline{\overline{u_3}}^{\left(k+\frac{1}{2}\right)} - \frac{1}{2}\Delta t \,\overline{\overline{u_3}}^{\left(k+\frac{1}{2}\right)} \left\langle \frac{\partial v_3^{\left(k+\frac{1}{2}\right)}}{\partial x} \right\rangle_{i,\,j+\frac{1}{2}} -$$

$$\frac{1}{2}\Delta t v_3^{(k+1)} \left\langle \frac{\partial v_3^{\left(k+\frac{1}{2}\right)}}{\partial y} \right\rangle_{i,\,j+\frac{1}{2}} - \frac{1}{2}\frac{\Delta t}{\Delta s} g \delta_y^{(k+1)} -$$

$$\gamma_2^2 v_{3\,i,\,j+\frac{1}{2}}^{k+\frac{1}{2}} \sqrt{\left(\overline{\overline{u}}_{3i,\,j+\frac{1}{2}}^{k+\frac{1}{2}} - \overline{\overline{u}}_{2i,\,j+\frac{1}{2}}^{k+\frac{1}{2}}\right)^2 + \left(v_{3i,\,j+\frac{1}{2}}^{k+\frac{1}{2}} - v_{2i,\,j+\frac{1}{2}}^{k+\frac{1}{2}}\right)^2} \Big/ \left(\overline{H_3}^x + \overline{\delta}^{y(k)} - \overline{\zeta}^{y(k)}\right) -$$

$$\frac{1}{2}\Delta t \frac{\overline{\tau}_{(y)}^{y(k+1)}}{\rho\left(\overline{H_3}^x + \overline{\delta}^{y(k)} - \overline{\zeta}^{y(k)}\right)} \tag{1.98}$$

1.3.3　温带风暴潮模式计算实例

渤海是我国的内海，平均水深约为 26 m，由渤海海峡与黄海相连。渤海一年四季均有风暴潮发生，其中渤海湾和莱州湾沿岸是我国风暴潮灾害频发并且比较严重的海域，历史上曾发生过多次强风暴潮灾害，因此对渤海湾风暴潮的研究具有重要的现实意义。

本节利用上述拟三维温带风暴潮数学模型对发生于 2009 年 5 月 8—10 日期间的风暴潮过程进行了模拟(付庆军，2010)。根据计算区域的特点，采用嵌套加密技术，分别建立了覆盖渤、黄海的大范围海域模型(大模型)和覆盖渤海湾的小范围海域模型(小模型)。大模型的空间范围是 35°18′5″—40°50′43″N，117°38′47″—126°32′38″E(图 1.13)，水平空间分辨率为 10 km，时间步长为 60 s。小模型的空间范围是 37°55′29″—39°14′9″N，117°33′10″—118°50′43″E(图 1.14)，考虑到小模型的空间范围仅仅覆盖了渤海湾，因此对小模型的计算网格进行加密，水平空间分辨率为 1 km，时间步长为 10 s。在垂直方向上，采用平面等水深分布计算模式对海水进行分层，每一层的平均水面都是平面，与模型的计算平面完全相同，波动水面围绕着平均水面起伏。在大模型中，选取自由表面为第一层，20 m 水深处为第二层，40 m 水深处为第三层。在小模型中，同样选取自由表面为第一层，但是由于小模型的水深较浅，因此选取 6 m 水深处为第二层，12 m 水深处为第三层。

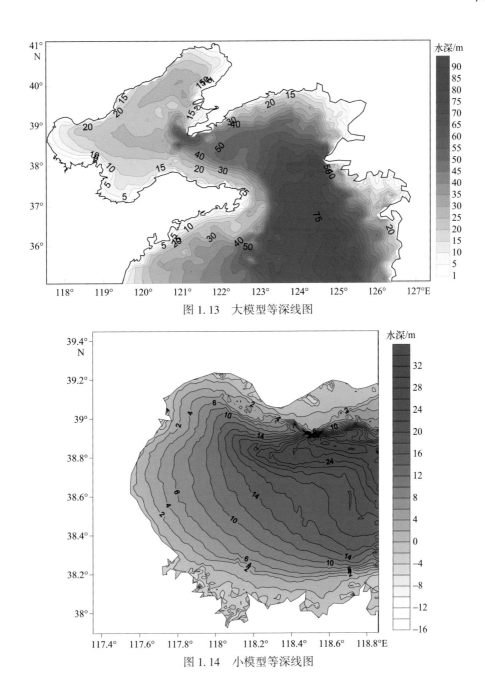

图 1.13　大模型等深线图

图 1.14　小模型等深线图

1）模型的风场

无论是大模型还是小模型，所使用的风场数据均由天津市气象科学研究所提供，包括 2009 年 5 月 8 日 00 时至 5 月 10 日 23 时共计 72 个小时的逐时风速。图 1.15 和图 1.16 分别为 2009 年 5 月 9 日 05 时和 5 月 10 日 05 时的风速分布。风应力的计算公式为 $\tau=\rho_a C_d |W|W$，其中 $\rho_a=1.226\ \text{kg/m}^3$，为空气密度；$C_d=2.6\times10^{-3}$，为拖曳系数；$W$ 为风速。

2）大模型的潮位边界

对已知的 2002 年 3 月 1 日至 12 月 31 日的青岛港潮位资料进行潮汐调和分析，通过与实测资料的比较发现，调和分析的结果与实测数据吻合较好（图 1.17），因此可以利用潮汐调和分析

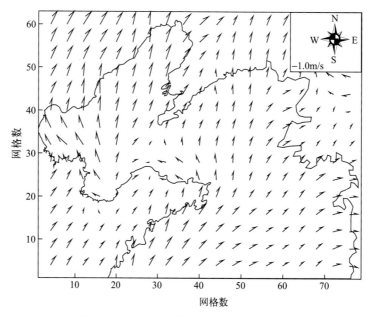

图 1.15　2009 年 5 月 9 日 05 时的风速分布

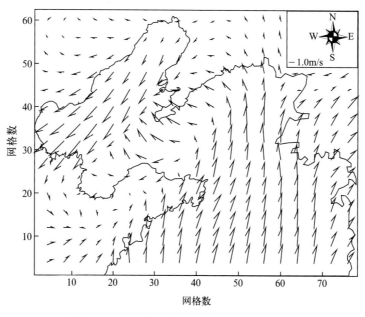

图 1.16　2009 年 5 月 10 日 05 时的风速分布

方法计算出 2009 年 5 月 8 日 00 时至 5 月 10 日 23 时青岛港的潮位过程(图 1.18),将其作为大模型的潮位边界条件。

3)大模型的验证

将平面等水深分布拟三维数值计算模式应用于渤黄海大模型,针对 2009 年 5 月 8 日 00 时至 2009 年 5 月 10 日 23 时期间的风暴潮过程设计了两个试验。第一个试验只考虑天文潮的作用(无风试验),第二个试验则同时考虑了天文潮与风场的共同作用(有风试验)。图 1.19 和图 1.20 分别为无风试验和有风试验模拟的 5 月 9 日 16 时的上层潮流场。

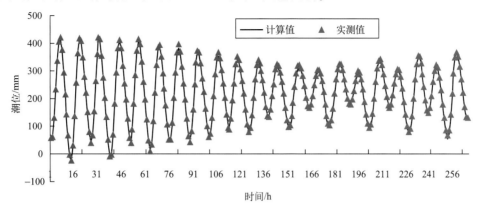

图 1.17　潮汐调和分析的计算结果与青岛港实测潮位的对比验证

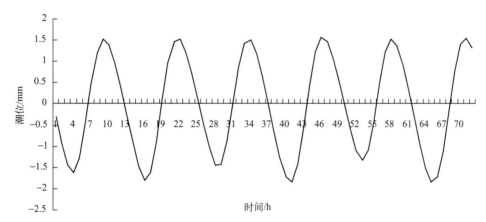

图 1.18　潮汐调和分析计算得到的 2009 年 5 月 8 日 00 时至 5 月 10 日 23 时

青岛港的潮位过程(大模型的潮位边界)

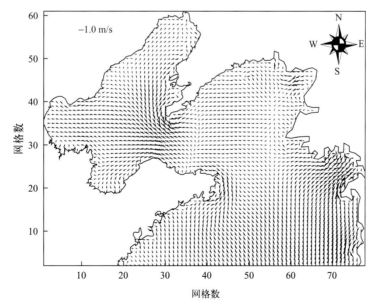

图 1.19　无风试验模拟的 5 月 9 日 16 时的上层潮流场

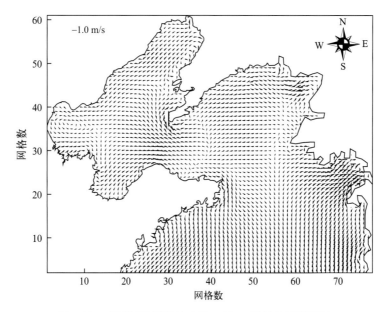

图 1.20　有风试验模拟的 5 月 9 日 16 时的上层潮流场

　　将模拟潮位与塘沽验潮站的实测潮位比较验证，发现两者基本吻合(图 1.21 和图 1.22)，尤其是无风试验的模拟结果，与实测潮位吻合较好(图 1.21)。因此，可以将大模型计算得到的模拟潮位作为接下来小模型的潮位边界条件(图 1.23 和图 1.24)。

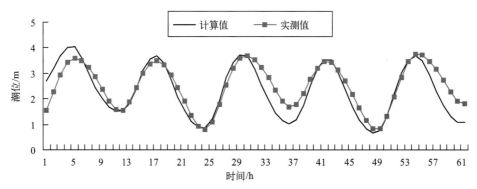

图 1.21　大模型无风试验的潮位验证

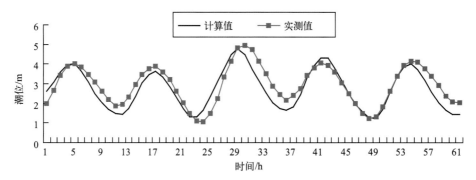

图 1.22　大模型有风试验的潮位验证

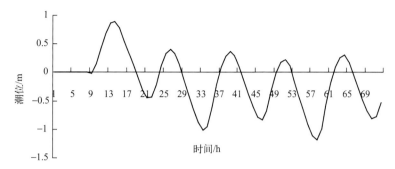

图 1.23　大模型无风试验为小模型提供的边界潮位过程

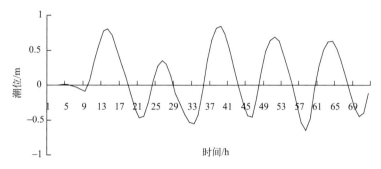

图 1.24　大模型有风试验为小模型提供的边界潮位过程

4）小模型的验证

将平面等水深分布拟三维数值计算模式应用于渤海湾小模型，并将大模型的模拟潮位作为小模型的潮位边界条件，针对 2009 年 5 月 8 日 00 时至 5 月 10 日 23 时期间的风暴潮过程设计了三个试验。试验一仅考虑天文潮的作用，即小模型不考虑风应力的作用，同时采用大模型无风试验提供的潮位边界；试验二同时考虑了天文潮与风场的共同作用，小模型采用大模型有风试验提供的潮位边界；在试验三中，只有小模型考虑风应力的作用，而大模型不考虑风应力的作用，即小模型采用大模型无风试验提供的潮位边界。图 1.25 至图 1.27 分别是三个试验模拟的 5 月 9 日 16 时的上层潮流场。

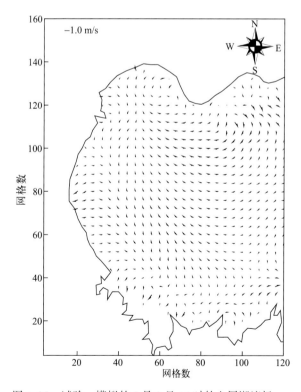

图 1.25　试验一模拟的 5 月 9 日 16 时的上层潮流场

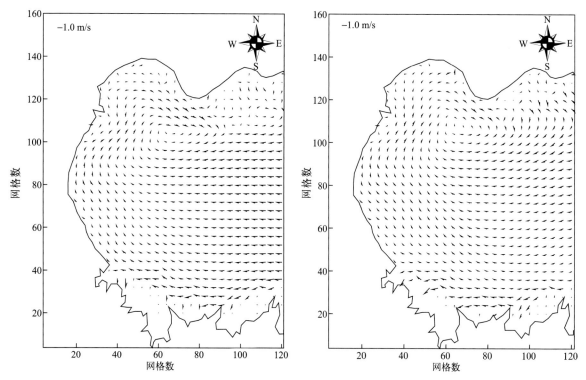

图 1.26　试验二模拟的 5 月 9 日 16 时的上层潮流场　　图 1.27　试验三模拟的 5 月 9 日 16 时的上层潮流场

　　通过与塘沽验潮站实测潮位的比较可以看出，试验一的模拟结果最好（图 1.28），试验三的模拟结果次之（图 1.30），试验二的模拟结果最差（图 1.29）。也就是说，在平面等水深分布模式中，只有天文潮作用模拟的潮位（图 1.28）要好于同时考虑风应力作用的结果（图 1.29 和图 1.30），而在小模型都受到风应力作用的情况下，潮边界不考虑风应力的模拟结果（图 1.30）要好于潮边界考虑风应力的模拟结果（图 1.29）。

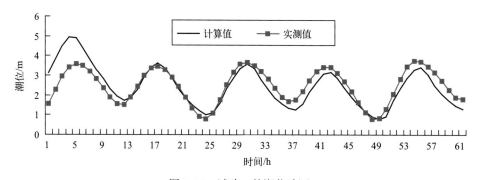

图 1.28　试验一的潮位验证

　　通过与塘沽验潮站实测增水的比较可以看出，试验三的模拟增水与实测增水更加接近（图 1.32），而试验二的模拟增水偏高（图 1.31）。这是由于小模型的潮位边界条件是由大模型的计算结果提供的，在试验二中大小模型都考虑了风应力的作用，相当于风应力在小模型上作用了两次，导致增水位偏高。

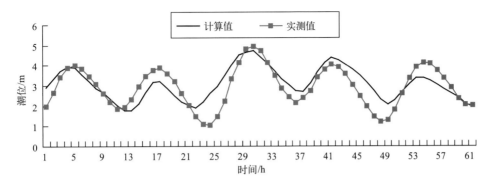

图 1.29 试验二的潮位验证

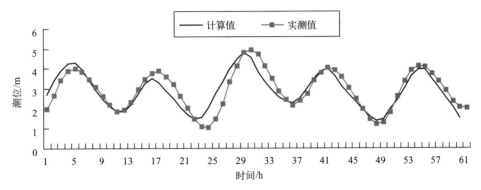

图 1.30 试验三的潮位验证

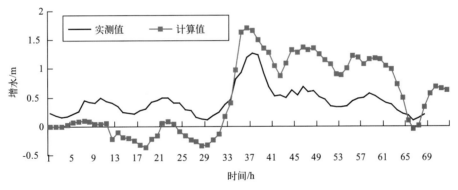

图 1.31 试验二的增水验证

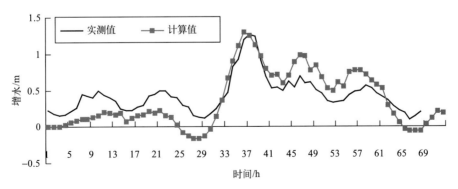

图 1.32 试验三的增水验证

第2章 中国近海台风浪数值模拟

　　热带气旋是发生在热带海洋上的一种具有暖心结构的气旋性涡旋，在北半球呈逆时针旋转，在南半球呈顺时针旋转。热带气旋伴有狂风暴雨、狂浪和风暴潮，是一种灾害性天气系统。这些灾害通常会引发洪水、滑坡和泥石流等次生灾害。高等级的热带气旋在不同海域拥有不同的命名，在西北太平洋及其临近的海区内叫作台风，在大西洋以及东太平洋叫作飓风，而在印度洋以及南太平洋称为气旋风暴。台风浪是指受热带气旋扰动形成的巨大的海浪，可以从热带气旋区域内向外传播到很远的海域。台风浪在向近岸传播的过程中，会与复杂海底地形和不规则岸线发生非线性相互作用，对于近海的船舶运输、海上钻井平台、海上风力发电装置和其他海洋环境工程具有极强的破坏力。台风浪每年都会给港口码头、海上运输和近海渔业养殖等带来巨大的经济损失，同时还会有大量的人员伤亡。另一方面，在台风条件下，台风浪对海气截面的粗糙度存在一定的影响，是调节海气界面各种通量参数化的重要条件，可用于提高预测台风强度的准确性。

　　在各大洋中，西北太平洋是台风的多发区域，而且中国近海多个区域经常遭受台风侵袭，这给我国沿海居民的生命财产和海上及近岸的工程作业造成巨大的威胁，严重制约了我国海洋经济的可持续发展。例如，南海北部湾是一个半封闭海湾，拥有丰富的渔业资源，是南海重要的人类活动区域。然而，通常在夏季来自太平洋低纬度地区的台风会经过北部湾，据文献（Jiang et al.，2017）可知，在历史记载的台风资料中，1949 年至 2015 年期间，经过北部湾的台风大约有 100 多次。台风会影响北部湾水位变化（Chen et al.，2015），随之而来的暴雨会引起地质灾害（Zeng，Wu，2017）。在西太平洋海域还偶尔发生双台风现象，其指的是两个或者两个以上的热带气旋同时发生。由于双台风特有的强相互作用，在海洋和大气之间产生的通量交换对上层海洋的响应比单个台风更加复杂，且双台风对海面波浪的影响在台风外围比在台风中心附近更为显著。

2.1　台风浪数值模拟概况

　　卫星遥感数据包括高度计数据（Li et al.，2018）和合成孔径雷达（SAR）数据（Li，2015），都可用于实时海浪观测。星载合成孔径雷达（SAR），如：中国 GF-3 SAR，具有大宽幅扫描（>500 km）和良好的空间分辨率（150 m）等优点，从而可以对大空间尺度的台风（Li，2015；Li et al.，

2013；Ji et al., 2018）和海浪（Romeiser et al., 2015；Shao et al., 2018a；Ding et al., 2020）进行高分辨率监测。但是，SAR数据无法进行长时间序列跟踪研究。尽管星载传感器观测到的海浪数据与锚定浮标实测的海浪数据有很好的一致性（Quilfen et al., 2016；Kudryavtseva, Soomere, 2016；Liu et al., 2016），但仅有卫星轨道测得的一小部分区域的有效数据可用于研究。

海浪数值模型发展于第二次世界大战，常用海浪数值模型包括海浪模型（WAM）、近岸海浪模型（SWAN）（Akpinar et al., 2012）和WAVEWATCH-Ⅲ（WW3）（Kim, Lee, 2018）等。由于较好的模拟效果海浪数值模型被长期广泛应用于各种海洋和大气条件下的气候分析（Chen et al., 2013；Hwang et al., 1999；Liang et al., 2014；Markina, Gavrikov, 2016），包括北大西洋（Markina, Gavrikov, 2016）、渤海（Liang et al., 2014）、黄海（Hwang et al., 1999）、东海（Chen et al., 2013）以及黑海（Divinsky, Kosyan, 2017）。此外，也被用来研究极端气候过程中的海浪变化（Caires et al., 2006），包括区域海洋学的研究，如：中国近海（Li et al., 2016）、东海（He et al., 2018）以及地中海（Sartini et al., 2015）。

WAVEWATCH-Ⅲ（WW3）海浪模型是由美国国家海洋与大气管理局（NOAA）的美国国家气象环境预测中心（NECP）开发。它继承了之前WAM模型（The WAMDI Group, 1988）的内核，明确处理了非线性项。最近的研究已经证实，WW3模型在模拟太平洋（Bi et al., 2015；Zheng et al., 2016）、印度洋（Shukla et al., 2018）、中国近海（He, Xu, 2016；Zheng et al., 2018；Li et al., 2018）和北大西洋（Shukla et al., 2018；Montoya et al., 2013；Gallagher et al., 2014）海域的海浪中得到了广泛的应用，并且通过锚定浮标和卫星高度计测量数据的验证，表明WW3模型具有良好的性能（Fan et al., 2012），适用于台风浪的研究（Shao et al., 2018b；Sheng et al., 2019；Fan et al., 2012）。此外，WW3模型能够对大空间尺度的海浪进行后测和分析。例如：WW3模型能够模拟长周期序列的海浪，并用于海浪气候分析（Guo et al., 2015；Gallagher et al., 2016）。

第三代近岸海浪数值模型（SWAN）（Rogers et al., 2003），由代尔夫特理工大学开发。由于海浪经常受到大/中尺度环流和浅水地形的影响，使得波流相互作用的机制非常复杂，特别是在极端天气条件下。SWAN模型在近岸地区模拟结果良好，而WW3模型被广泛用于公海海浪的模拟（Bi et al., 2015；Mentaschi et al., 2015）。SWAN模型的优点是采用了一种类似高斯-赛得尔迭代法的非结构化三角形网格，它可以描绘复杂的沿海地区和众多障碍物，特别是岛屿（Akpinar et al., 2012；Rusu, Soares, 2012）。SWAN模型的离散实现需要特殊的条件：例如，由于水深变化、波流相互作用和白冠破碎而引起的非线性相互作用（Bottema, Vledder, 2008），从而影响风浪的生长。热带气旋在移动过程中，在不同的空间尺度上表现出复杂的物理动力学效应（Young, Vledder, 1993；Young, 1998；Cui et al., 2012）。当水深和底摩擦快速变化时，深水中产生的波浪会在大陆架上产生巨大的涌浪。由于大陆架上地形变化平缓，空间尺度大，海浪消散的时间周期长，尤其是在靠近岛屿附近。风暴潮发生会使海平面上升，然后与海浪和洋流相互作用（Sheng et al., 2010），这些情况会影响海浪模拟精度，特别是台风活动期间对台风浪的模拟（Dietrich et al., 2012）。

FVCOM（Chen et al.，2003；Pringle，2006）作为一种沿海海洋环流模式，由马萨诸塞大学和伍兹霍尔海洋研究所开发，其基本特征包括：①非结构化网格；②有限体积；③自由表面等。与 SWAN 模型类似，FVCOM 使用非结构网格方法，这有利于解决复杂不规则几何区域的动力学问题，而有限元/有限差分方法提供了动量、质量、盐度、热量和示踪剂守恒方程的良好数值表示。此外，FVCOM 利用改进的计算流体力学，以便更好地说明流动不连续性和大梯度的数值解的收敛性（Huang et al.，2008）。有限差分海洋模型，即普林斯顿海洋模型（POM）和河口及沿海海洋模型（ECOM），通过描述沿海海洋中的海浪、潮汐和水流的物理特性，使模型精度显著提高（Chen et al.，2007）。此外，FVCOM 还被用于研究海洋飓风的模拟（Ma et al.，2015；Sun et al.，2018；Dukhovskoy，Morey，2011），实验表明，它准确地模拟了潮汐和风引起的水位上升（Sheng et al.，2019）。

2.2　WW3 模式介绍

WAVEWATCH-Ⅲ（WW3）于 2016 年 10 月发布，已广泛应用于海浪研究。WW3（第 6.07 版）模型的最新版本提供了四波相互作用和波-波相互作用的三个非线性项包，包括离散相互作用近似（DIA）、全玻耳兹曼积分（WRT）和具有两种系数的广义多重 DIA（GMD），这里称为 GMD1 和 GMD2。WW3 模式继承了 WAM 模型，并对非线性项进行具体处理（Jiang et al.，2017），此外，最新的 WW3 模式（6.07）提供了计算波传播方程的方案（WW3DG，2016），具有良好的海浪模拟性能。目前，WW3 模式已被广泛应用于海浪气候分析（Gallagher et al.，2016），该模型具有模拟太平洋（Bi et al.，2015；Zheng et al.，2016；Zheng et al.，2018）、南海（Zheng et al.，2016；Zheng et al.，2018）和其他关键海域（Gallagher et al.，2014；Guo et al.，2018 年）海浪的能力。通过之前的研究表明，第二代模型适用于台风浪的研究（Sheng et al.，2019；Shao et al.，2018a），而第一代模型提供了浪流相互作用的能量交换，表明该模型有计算包括海流因素的能力。

最近的研究表明，WW3 模式被证明能够模拟台风浪特征（Xu et al.，2005；Kong et al.，2013；Zhou et al.，2014；Liu et al.，2017）。WW3 模式（6.07）在控制方程、模型结构、数值方法和物理参数化（WW3DG，2016）等方面与前一版本有所不同，加入了包括依赖于各种海况的应力计算、称为双尺度近似的非线性波-波相互作用源项以及计算时空极值的能力。这些改进对海浪数值模型模拟精度有一定的提升，特别是在对台风浪模拟中。

2.2.1　WW3 设置

WW3 模式采用笛卡儿坐标系，海浪作用密度谱 N 的海浪传播平衡方程如下：

$$\frac{\partial N}{\partial t} + \nabla_x \cdot XN + \frac{\partial}{\partial K}kN + \frac{\partial}{\partial \theta}\boldsymbol{\theta}N = \frac{S_{\text{tot}}}{\sigma} \tag{2.1}$$

$$\boldsymbol{X} - c_g + U \tag{2.2}$$

$$K = -\frac{\partial \theta}{\partial d}\frac{\partial d}{\partial s} - \boldsymbol{K} \cdot \frac{\partial U}{\partial m} \qquad (2.3)$$

$$\boldsymbol{\theta} = -\frac{1}{k}\left[\frac{\partial \sigma}{\partial d}\frac{\partial d}{\partial m} + \boldsymbol{K} \cdot \frac{\partial U}{\partial m}\right] \qquad (2.4)$$

$$S_{tot} = S_{in} + S_{ds} + S_{ln} + S_{nl} + S_{bot} + S_{db} + S_{tr} \qquad (2.5)$$

其中，t 为时间；∇_x 为哈密顿量；c_g 为群速度；U 为流速；$\boldsymbol{k}$ 为波数矢量；σ 为相对频率；d 为平均水深；θ 为方向；s 和 m 为在 θ 方向上相互垂直的坐标；S_{tot} 表示输入项和耗散源项，S_{tot} 包括大气-海浪相互作用项 S_{in}、海浪-海洋相互作用项 S_{ds}、线性输入项 S_{ln}、非线性海浪-海浪相互作用项 S_{nl}、海浪-海底相互作用项 S_{bot}、水深变化引起的破碎项 S_{db} 和三波相互作用项 S_{tr}、S_{in}、S_{ds}。S_{tot} 一般只考虑 S_{ln} 和 S_{nl}，只有当 WW3 用于模拟浅水海浪参数时，才加入其他三项。

非线性共振相互作用在风浪的演变中起着重要作用，例如三波（Madsen，Sorensen，1993）和四波相互作用（Hasselmann，1962）。在极端海况下和水深较浅区域，非线性共振相互作用比其他情况时更强，主要通过海浪能量谱来表现。WW3 模式给出了非线性三波相互作用的唯一解决方案，并在 5.16 版本中提供了三个软件包来处理四波相互作用，分别是 DIA、WRT 和 GMD。

1）海浪传播中非线性波-波相互作用的参数化解

深水波浪计算最初由 Hasselmann 等（1985）提出，在本书中命名为 DIA 包。它将非线性相互作用从波数向量 $\boldsymbol{k}_1$ 到 $\boldsymbol{k}_4$ 分为四重波。同时，假设 $\boldsymbol{k}_1$ 和 $\boldsymbol{k}_2$ 相等。这四项应满足以下共振条件：

$$\left.\begin{aligned} \boldsymbol{k}_1 + \boldsymbol{k}_2 &= \boldsymbol{k}_3 + \boldsymbol{k}_4 \\ \sigma_1 &= \sigma_2 \\ \sigma_3 &= (1 + \lambda_{nl})\,\sigma_1 \\ \sigma_4 &= (1 - \lambda_{nl})\,\sigma_1 \end{aligned}\right\} \qquad (2.6)$$

其中，$\lambda_{nl} = 0.25$ 是常数；相对频率 σ_1 到 σ_4 分别对应于波数向量 $\boldsymbol{k}_1$ 到 $\boldsymbol{k}_4$。对于每个离散波频率 f_r 和方向 θ、频谱 $F(f_r, \theta)$ 对应于 $\boldsymbol{k}_1$，S_{nl} 对相互作用的影响如下：

$$\begin{pmatrix} \delta S_{nl,1} \\ \delta S_{nl,3} \\ \delta S_{nl,4} \end{pmatrix} = D \begin{pmatrix} -2 \\ 1 \\ 1 \end{pmatrix} c_g^{-4} f_{r,1}^{11} \times \left[F_1^2 \left(\frac{F_3}{(1 + \lambda_{nl})^4} + \frac{F_4}{(1 - \lambda_{nl})^4} \right) - \frac{2 F_1 F_3 F_4}{(1 - \lambda_{nl}^2)^4} \right] \qquad (2.7)$$

$$D = 1 + \frac{c_1}{kd}\left[1 - c_2 \bar{k}d\right]\mathrm{e}^{-c_3 \bar{k} d} \qquad (2.8)$$

式中，$F_1 = F(f_{r,1}, \theta)$ 等；$\delta S_{nl,1} = \delta S_{nl}(f_{r,1}, \theta)$ 等；$c_g = 1.0 \times 10^7$ 作为比例常数。对于深水或浅水，式（2.7）按系数 D 缩放，$c_1 = 5.5$、$c_2 = 5/6$ 和 $c_3 = 1.25$ 作为常数（WW3DG，2016）。

2）WRT 包

WRT 包利用了 Webb-Resio-Tracy 方法，基于六维 Boltzmann 积分公式（Hasselmann et al.，

1985；Hasselmann，1963a；Hasselmann，1963b；Webb，1978；Tracy，Resion，1982；Resio，Perrie，1991）提出的额外因素。WRT 和 DIA 软件包的区别在于，用 Boltzmann 积分方法表示由共振波–波相互作用引起的特定波数作用密度的变化率。波数矢量 $\boldsymbol{k}_1$ 至 $\boldsymbol{k}_4$ 应满足以下共振条件：

$$\left.\begin{array}{l} \boldsymbol{k}_1 + \boldsymbol{k}_2 = \boldsymbol{k}_3 + \boldsymbol{k}_4 \\ \sigma_1 + \sigma_2 = \sigma_3 + \sigma_4 \end{array}\right\} \tag{2.9}$$

对应于波数矢量 $\boldsymbol{k}_1$，作用密度 N_1 的变化率如下：

$$\frac{\partial N_1}{\partial t} = \iiint G(k_1, k_2, k_3, k_4) \delta(k_1 + k_2 - k_3 - k_4) \delta(\sigma_1 + \sigma_2 - \sigma_3 - \sigma_4) \times$$

$$[N_1 N_3(N_4 - N_2) + N_2 N_4(N_3 - N_1)] \, dk_2 \, dk_3 \, dk_4 \tag{2.10}$$

式中每个作用密度 N 由波数向量 $\boldsymbol{k}$ 决定。G 是 Herterich 和 Hasselmann（1980）中给出的一个复杂系数；δ 函数通过多次变换去除。

WRT 包中的一个重要步骤是对每个（$\boldsymbol{k}_1$，$\boldsymbol{k}_3$）组合进行空间积分：

$$\frac{\partial N_1}{\partial t} = 2\int T(k_1, k_3) \, dk_3 \tag{2.11}$$

$$T = \iint G(k_1, k_2, k_3, k_4) \delta(k_1 + k_2 - k_3 - k_4) \delta(\sigma_1 + \sigma_2 - \sigma_3 - \sigma_4) \theta(k_1, k_3, k_4) \times$$

$$[N_1 N_3(N_4 - N_2) + N_2 N_4(N_3 - N_1)] \, dk_2 \, dk_4 \tag{2.12}$$

$$\theta(k_1, k_3, k_4) = \begin{cases} 1, & |k_1 - k_3| \leqslant |k_1 - k_4| \\ 0, & |k_1 - k_3| > |k_1 - k_4| \end{cases} \tag{2.13}$$

与 DIA 软件包相比，WRT 软件包的计算量大得多，精度更高。因此，WRT 包对于高度理想化的情况具有强大处理能力，WW3 模式的相关手册（WW3DG，2016）有具体介绍。

3）GMD 包

GMD 包是 DIA 包的扩展，它有三种发展方式，具体如下。

（1）扩展了四项定义。

（2）上述中提到的公式在任意深度下都适用，即使在极浅的水域，例如水深小于 5 m 的北部湾。

（3）介绍了多种四元组使用。将 GMD 封装的共振条件展开为

$$\left.\begin{array}{l} \sigma_1 = \alpha_1 \sigma r \\ \sigma_2 = \alpha_2 \sigma r \\ \sigma_3 = \alpha_3 \sigma r \\ \sigma_4 = \alpha_4 \sigma r \\ \theta_{12} = \theta_1 \pm \theta_{12} \end{array}\right\} \tag{2.14}$$

其中，$\alpha_1 + \alpha_2 = \alpha_3 + \alpha_4$ 满足一般共振条件。其他参数是调优参数，称为一参数（λ），二参数（λ，μ）或三参数（λ，μ，θ_{12}）四元组，其中 λ 和 μ 是常数。

在 GMD 软件包中，提出了一种计算任意深度的双分量标度函数，即深标度函数和浅标度函数。然后，将 DIA 包的等式式(2.14)转换为

$$\begin{pmatrix} \delta S_{\mathrm{nl},1} \\ \delta S_{\mathrm{nl},2} \\ \delta S_{\mathrm{nl},3} \\ \delta S_{\mathrm{nl},4} \end{pmatrix} \begin{pmatrix} -1 \\ -1 \\ 1 \\ 1 \end{pmatrix} \left(\frac{1}{n_{q,d}} C_{\mathrm{deep}} B_{\mathrm{deep}} + \frac{1}{n_{q,s}} C_{\mathrm{shal}} B_{\mathrm{shal}} \right) \times$$

$$\left[\frac{c_{g,1} F_1}{k_1 \sigma_1} \frac{c_{g,2} F_2}{k_2 \sigma_2} \left(\frac{c_{g,3} F_3}{k_3 \sigma_3} + \frac{c_{g,4} F_4}{k_4 \sigma_4} \right) - \frac{c_{g,3} F_3}{k_3 \sigma_3} \frac{c_{g,4} F_4}{k_4 \sigma_4} \left(\frac{c_{g,1} F_1}{k_1 \sigma_1} + \frac{c_{g,2} F_2}{k_2 \sigma_2} \right) \right] \tag{2.15}$$

$$B_{\mathrm{deep}} = \frac{k^{4+m} \sigma^{13-2m}}{(2\pi)^{11} g^{4m} c_g^2} \tag{2.16}$$

$$B_{\mathrm{shal}} = \frac{g^2 k^{11}}{(2\pi)^{11} c_g} (kd)^n \tag{2.17}$$

式中，B_{deep} 和 B_{shal} 是参数 m 和 n 调谐的深层标度函数和浅层标度函数，$n_{q,d}$ 和 $n_{q,s}$ 是四元组数，C_{deep} 和 C_{shal} 是相应的深水调谐常数和浅水调谐常数。

与 DIA 软件包相比，GMD 软件包有四个四元组，每个四元组的计算能力是 DIA 软件包的四倍。在 GMD 包的应用中有两种系数，为了方便起见，这里称为 GMD1 和 GMD2（WW3DG，2016）。GMD1 和 GMD2 分别表示三参数和五参数的参数化。调谐参数：n_q，m，n，λ，μ，θ_{12}，C_{deep} 和 C_{shal} 见表 2.1。

表 2.1　当实现广义多 DIA（GMD）软件包时，本研究中使用的调谐参数

软件包	n_q	m	n	λ	μ	θ_{12}	C_{deep}	C_{shal}
GMD1	3	0.00	−3.5	0.126	0.00	−1.0	4.790×10⁷	0.00
				0.237	0.00	−1.0	2.200×10⁷	0.00
				0.319	0.00	−1.0	1.110×10⁷	0.00
GMD2	5	0.00	−3.5	0.066	0.018	21.4	0.170×10⁹	0.00
				0.127	0.069	19.6	0.127×10⁹	0.00
				0.228	0.065	2.0	0.443×10⁸	0.00
				0.295	0.196	40.5	0.210×10⁸	0.00
				0.369	0.226	11.5	0.118×10⁸	0.00

2.2.2　WW3 模式台风浪计算实例

1）1998—2017 年北太平洋西部台风路径台风引发海浪分析

本节采用 WW3 海浪模式模拟 1998—2017 年西北太平洋发生的台风，并分析海浪参数的变化，如：有效波高（SWH）、平均波周期（MWP）和平均波长（MWL）。模拟的纬向范围为 5°S 至

65°N，径向范围为93°E至167°W。水深数据是由海洋总测深图(GEBCO)提供，其水平分辨率为0.1°(图2.1)。利用美国国家数据浮标中心的NDBC浮标定点观测波浪数据验证WW3模拟有效波高结果(图2.2)。台风最佳路径数据是由日本气象厅(JMA)提供，该数据集记录了从1950年至今所有在西北太平洋生成的台风中心点的位置坐标、风速、气压大小等数据。图2.1中显示了过去20年间的台风路径数据，其中选取生命周期大于5天的台风数据作为本节所研究的路径资料，有效的台风路径数据总量超过300个。图2.1中还显示了6个用于研究本实验的模拟结果的NDBC浮标数据，黑色的线条表示台风路径数据，红色三角形表示6个NDBC浮标的位置。

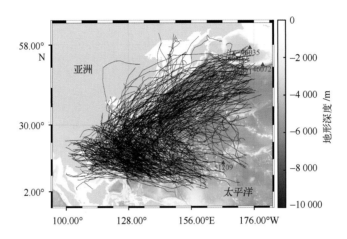

图2.1　西北太平洋高空间分辨率(0.1°)海底地形图

图像范围在5°S至65°N、93°E至167°W，背景颜色表示水深地形。

红色三角形表示美国国家数据浮标中心(NDBC)浮标的位置，黑线代表来自日本气象厅(JMA)的台风路径

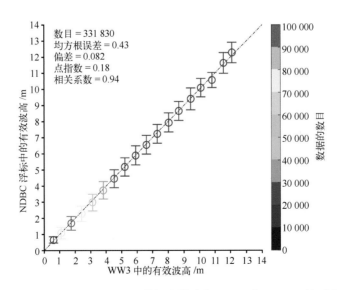

图2.2　WAVEWATCH-Ⅲ(WW3)模拟有效波高(SWH)与NDBC浮标的测量值

其中误差棒代表每个浮标的标准偏差在SWH在0~14 m的以0.5 m的数据差为间隔

在西北太平洋中，大多数台风路径呈反曲率或近似线性运动，只有少数台风拥有复杂的路径(如环形)。在本节研究中，仅研究台风持续时间超过5天的台风路径，并省略了少量路径复杂的台风。利用JMA最佳路径数据根据台风生成位置和台风消失的位置对台风路径进行聚类分析。如果台风生成位置位于台风路径的最小经度位置(在最西面)，而台风消失位置位于最大经度位置(在最东面)，则该路径被分类为"东北移动类"；如果台风生成位置位于台风路径上的最大经度位置(在最东面)，而台风消失位置位于台风路径上的最小经度位置(在最西面)，则将台风路径分类为"线性移动类"。在线性移动类中，计算了台风的平均斜率k，即为通过台风生成位置和台风消失位置之间的斜率，来进一步划分台风路径。如果k的反正切值在$(7\pi/8 \sim 9\pi/8)$之间，则将台风路径分类为西移动类。如果k的反正切值在$(5\pi/8 \sim 7\pi/8)$之间，则将台风路径分类为西北移动类(Yuan, Jiang, 2011; Kim, Seo, 2016; Nakamura et al., 2009)。如果台风生成位置和台风消失位置均不在最小经度上，则该台风路径属于"反曲线类"。反曲线类的路径分类主要依靠其最西端的位置(即转折点)进一步划分。如果转折点的经度大于140°，则将该台风路径分类为东转向类。如转折点的经度小于125°，则将台风路径分类为西转向类。如果转折点的经度在125°和140°之间，则将台风路径分类为中转向类(Yin et al., 2016)。因此，将所有持续时间大于5天的台风路径分类到上述6个路径组之一：东北移动类，东转向类，中转向类，西转向类，西北移动类和西移动类。中转向类占台风路径最多的分类组($n=91$)，而东北移动类占台风路径中最少的分类组($n=28$)。图2.3中显示了6种台风路径的图像，里面显示了每个路径分类中所有图像的位置和数目。

为了去除没有台风的背景波浪参数的影响，本节研究选择了每种台风路径类期间的波浪参数模拟结果进行分析。图2.4显示了每个台风路径类中WW3模拟的平均有效波高，其中黑线代表每个路径类中的典型路径。所有台风路径组的最大有效波高值在相似的位置：台风消失时期时，介于$50° \sim 60°N$和$160° \sim 173°E$之间。此外，在台风路径的右侧和左侧发现了不对称结构。另外，这种有效波高(SWH)的分布特征在东北移动类，东转向类和中转向类中相似[图2.4(a)至(c)对应于图2.3(a)至(c)]，因为在这些区域中没有大陆障碍物可以阻挡海浪的传播。在向西移动的台风路径类中[图2.3(d)至(f)]，在30°N附近观察到两个相对较高的有效波高区域[图2.4(c)至(f)]。尤其是，随着台风路径向西的移动，第二个有效波高高峰区域从东海移至南海。由于西移动类台风的路径距离北部季风风区较远，因此太平洋北部海浪有效波高取决于其他地区的天气系统，例如季风和中太平洋北部的西风带(Zhu, Zhou, 2012)。

每个台风路径类的平均波周期如图2.5所示。平均波周期(MWP)的分布特征也与台风路径类分布相似，尤其是东北移动类[图2.5(a)]和西北移动类[图2.5(e)]。平均波周期高值区域位于图2.5(a)中的日本东部海区和图2.5(e)中的东海海域。但是，平均波长(MWL)(图2.6)未显示出与台风路径相关的分布特征。综上所述，台风路径对台风引起的台风浪分布有很大影响。

为了进一步研究台风路径类与有效波高(SWH)分布之间的关系，通过WW3模式输出单独的风浪和涌浪有效波高分量，进一步分析路径的影响。图2.7和图2.8分别显示了每个台风路径类的模拟的平均风浪有效波高和涌浪有效波高。风浪有效波高在台风路径附近达到最大值约3 m，而涌浪有效波高达到 2 m。尽管其他天气系统产生的海浪使 50°N 以上台风引发的台风浪模糊，无法被精确分析，但从图 2.7(d)至图 2.7(f)可以清楚地看出，风浪有效波高与台风路径有一定的相关性。最大的风浪有效波高在台风路径上，例如中转向类[图 2.7(c)]、西转向类[图 2.7(d)]和西北移动类[图 2.7(e)]，但是在涌浪的有效波高之间没有观察到相似于风浪的变化趋势。因此得出的结论是，台风路径引起的有效波高分布特征变化主要影响的是波浪系统中的风浪成分。

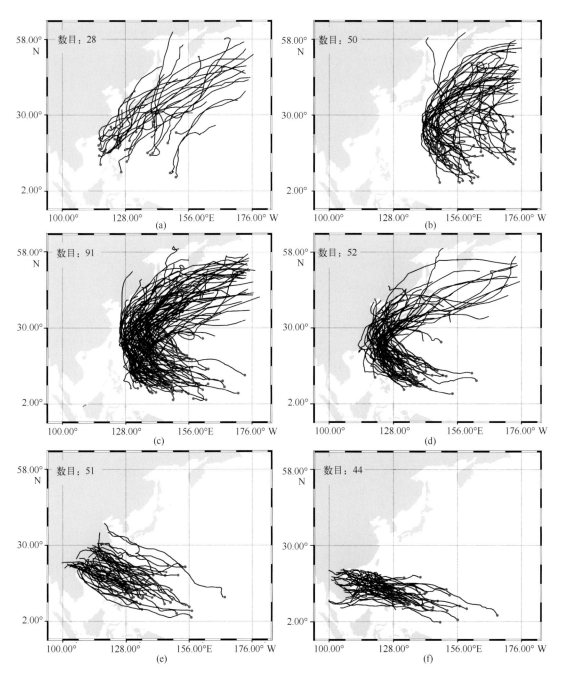

图 2.3　6 种 JMA 最佳轨迹数据分类结果，其中红色点表示台风路径的生成位置

(a)东北移动类；(b)东转向类；(c)中转向类；(d)西转向类；(e)西北移动类；(f)西移动类

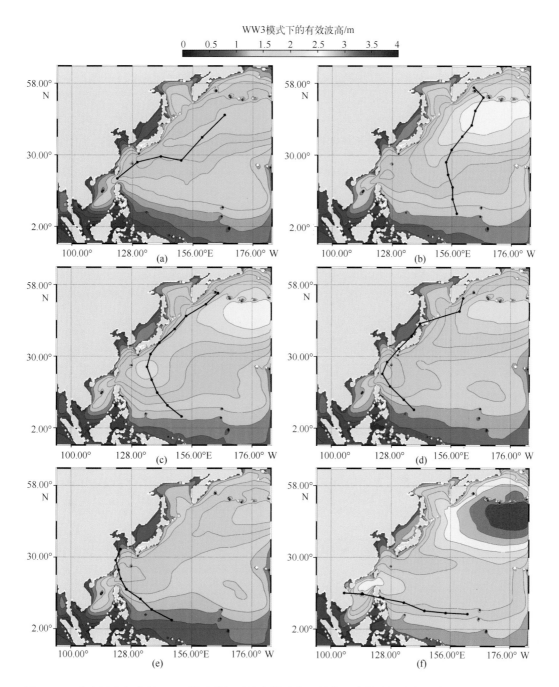

图 2.4　6 种台风路径类的 WW3 模式模拟平均有效波高，其中黑线代表每个台风路径类中的典型路径

(a)东北移动类；(b)东转向类；(c)中转向类；(d)西转向类；(e)西北移动类；(f)西移动

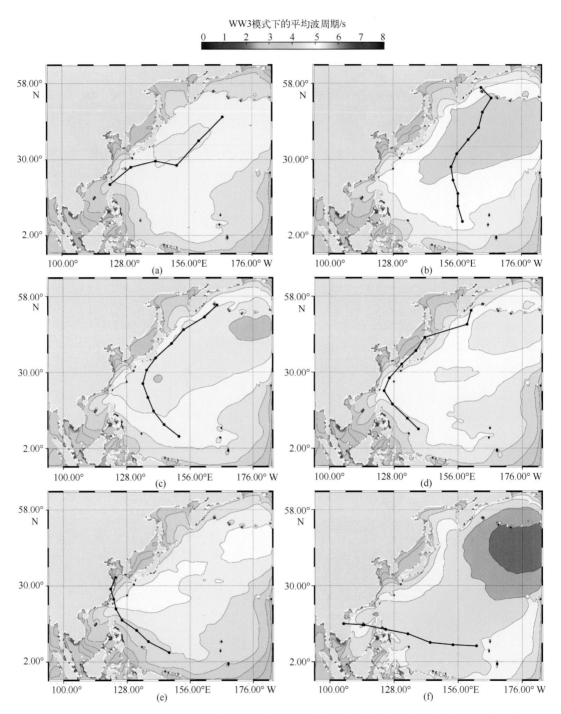

图 2.5　6 种台风路径类的 WW3 模式模拟平均波周期，其中黑线代表每个台风路径类中的典型路径

(a)东北移动类；(b)东转向类；(c)中转向类；(d)西转向类；(e)西北移动类；(f)西移动类

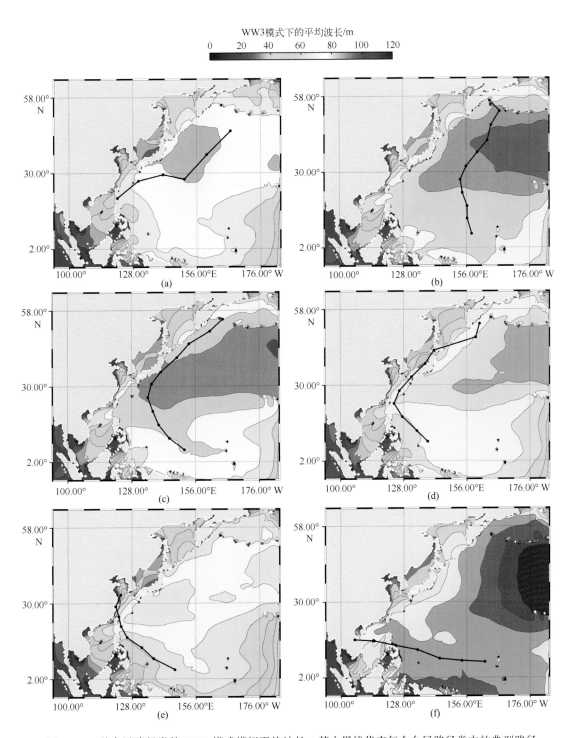

图 2.6　6种台风路径类的 WW3 模式模拟平均波长，其中黑线代表每个台风路径类中的典型路径

（a）东北移动类；（b）东转向类；（c）中转向类；（d）西转向类；（e）西北移动类；（f）西移动类

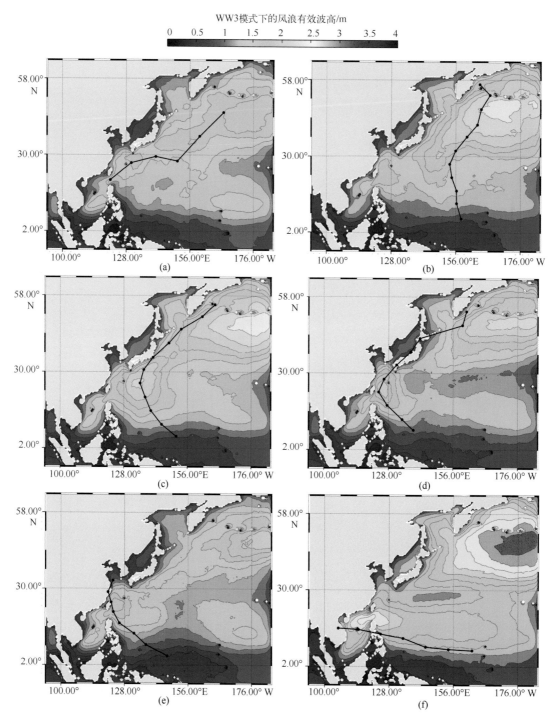

图 2.7　6 种台风路径类的 WW3 模式模拟风浪有效波高，其中黑线代表每个台风路径类中的典型路径

（a）东北移动类；（b）东转向类；（c）中转向类；（d）西转向类；（e）西北移动类；（f）西移动类

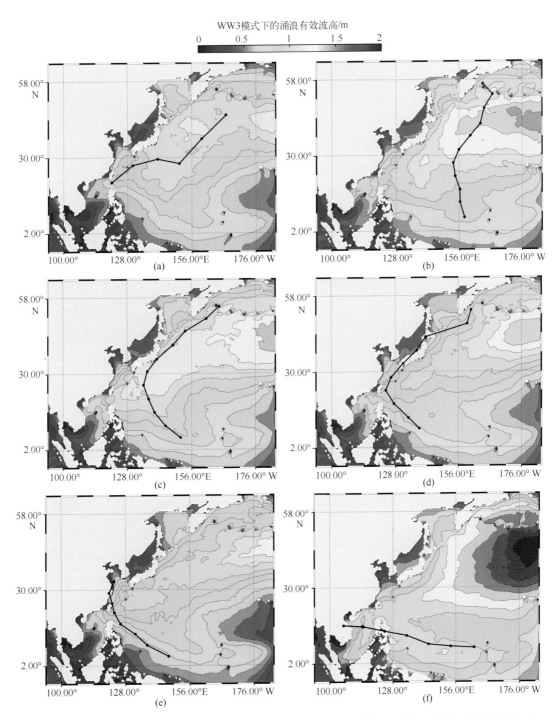

图2.8　6种台风路径类的WW3模式模拟涌浪有效波高，其中黑线代表每种台风路径类的典型路径

（a）东北移动类；（b）东转向类；（c）中转向类；（d）西转向类；（e）西北移动类；（f）西移动类

此外，对 1998—2017 年筛选出的台风期间的日平均 SWH 进行经验正交（EOF）分析，EOF 分析是将数据集分解为一系列正交函数，得出结论是：模态结果和时间序列结果无异常。运用 North 等（1982）提出的特征值误差法进行检验。通过下面的公式，计算了特征值误差范围：

$$e_j = \lambda_j \left(\frac{2}{n} \right)^{\frac{1}{2}} \tag{2.18}$$

式中，e_j 为特征值误差；λ_j 为特征值；n 为样本数。判断公式如下：

$$\lambda_j - \lambda_{j+1} > e_j \tag{2.19}$$

如满足式（2.18），则表示 EOF 模态的两个特征值是可靠的。从表 2.2 可以发现日平均 SWH 的前四种主要 EOF 模态通过了显著性检验。

表 2.2　关于特征值误差法的信息

模态	特征值 λ_j	e_j	$\lambda_j - \lambda_{j+1}$
1	450.711 5	7.457 7	230.734 0
2	219.977 5	3.639 8	36.592 5
3	183.385 0	3.034 4	24.382 7
4	159.002 3	2.630 9	26.668 7

日平均 SWH 的四种主要 EOF 模态的空间分布如图 2.9 所示。通过 EOF 模态分析，计算两个主成分变量：PC(t)，它代表每个时刻 EOF 模态的占比；PC(max)，代表 1998—2017 年期间最大 EOF 模态的时间占比。第一模态[图 2.9（a）]贡献了有效波高中总方差的 17.3%。它代表了北太平洋中部和日本附近的西太平洋之间有效波高的偶极子。这表明，台风引起的台风浪的波能量在日本附近以及日本海和东海中占主导地位。第二模态[图 2.9（b）]贡献了总方差的 8.4%。该模态空间分布表明，日本、韩国以南及阿留申群岛附近的有效波高值升高，而堪察加半岛以南的有效波高值降低。第三模态[图 2.9（c）]和第四模态[图 2.9（d）]EOF 模式分别贡献了总方差的 8.4% 和 7.0%。PC(t)/PC(max) 的相应时间序列图如图 2.10 所示，其值被归一化后值域在 -0.5 和 0.5 之间。对于第一模态[图 2.10（a）]，PC(t)/PC(max) 的振幅明显大于其他三种 EOF 模态。第一模态中存在振荡，周期性大约为 1 年，其值域变化在 -0.5 到 0.4 之间。这种情况表明，在西北太平洋西部，台风引发的有效波高分布存在年际变化。对于第二模态到第四模态[图 2.10（b）至（d）]，PC(t)/PC(max) 的时间序列没有明显的周期性趋势，说明没有明显的系统关系。

将 EOF 主要模态与 Wang 等（2016）研究的结果比较，发现第一模态中平均 SWH 的量级与分布基本相同，高值均出现在东海北部，且在日本海存在由太平洋夏季风（西南风）或台风引起的强浪。但第二模态与第三模态结果不一致。

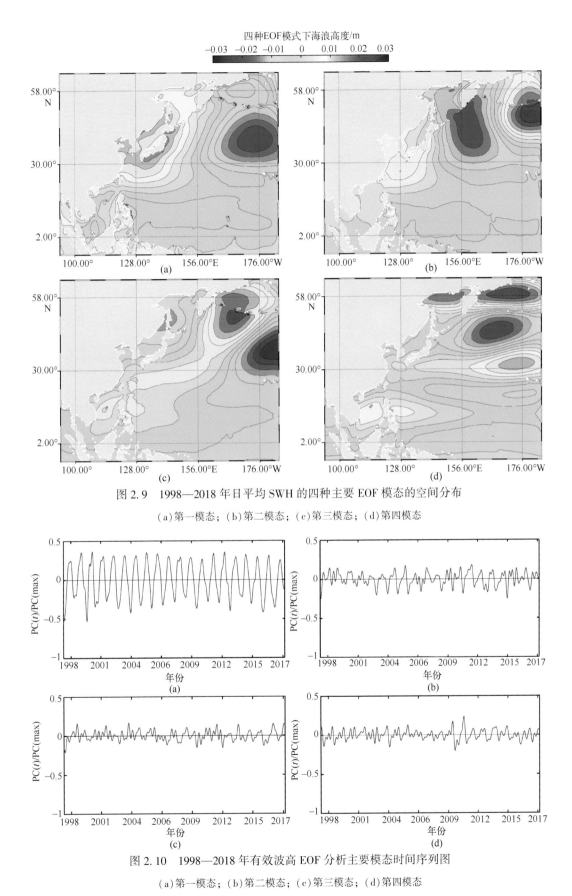

图 2.9　1998—2018 年日平均 SWH 的四种主要 EOF 模态的空间分布

（a）第一模态；（b）第二模态；（c）第三模态；（d）第四模态

图 2.10　1998—2018 年有效波高 EOF 分析主要模态时间序列图

（a）第一模态；（b）第二模态；（c）第三模态；（d）第四模态

进一步分析 1998—2017 年所有台风时期 6 种路径类的 PC(t)/PC(max)年际变化。图 2.11 显示了每个台风路径组第一模态的 PC(t)/PC(max)值。总体来说，PC(t)/PC(max)值为正值，说明台风在日本及其附近海域倾向于产生较高的有效波高，而在北太平洋中部则产生较低的有效波高[图 2.9(a)]。但是，在西移动类台风路径[图 2.11(f)]中，PC(t)/PC(max)值通常在减小，表明在研究的 20 年期间，来自西移动类台风的信号减弱。在东北移动类[图 2.11(a)]、西转向类[图 2.11(d)]和西北移动类[图 2.11(e)]中，PC(t)/PC(max)数值保持相对恒定，表明台风浪没有气候变化趋势。在 1998—2017 年期间，东转向路径类[图 2.11(b)]和中转向路径类[图 2.11(c)]中，PC(t)/PC(max)值出现大幅波动。台风路径会引起台风浪分布的气候变化。

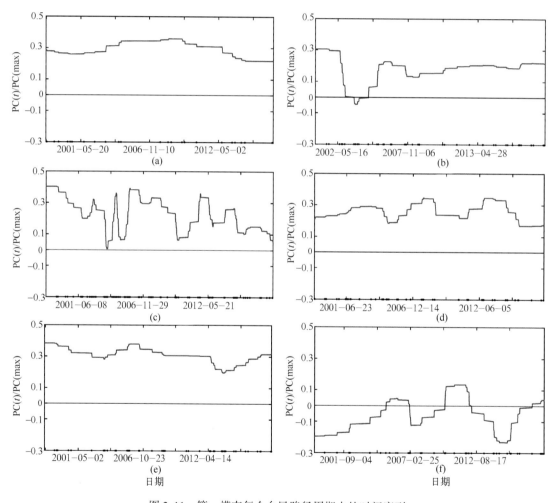

图 2.11　第一模态每个台风路径周期内的时间序列
(a)东北移动类；(b)东转向类；(c)中转向类；(d)西转向类；(e)西北移动类；(f)西移动类

热带气旋引起的海浪气候问题一直是海洋学研究的热点。本节分析了 1998—2017 年期间台风路径对于西北太平洋台风浪分布。根据台风移动和转折点经度，将台风路径分为六类台风路径。WAVEWATCH-Ⅲ模式(5.16)被用于模拟 1998—2017 年西北太平洋海浪参数[有效波高

（SWH）、平均波周期（MWP）和平均波长（MWL）]。模拟结果显示，台风浪有效波高高值区域会随台风路径的西移发生相同移动。再进一步将海浪分成风浪与涌浪两个部分，发现台风路径主要影响海浪中的风浪分布。采用经验正交函数（EOF）分析方法研究台风浪有效波高气候态变化。第一模态贡献了总方差的17.3%，其他模态的贡献不到10%。针对上述分析的时间序列分析结果显示，在第一模态的时间序列图上出现了一种1年的周期性振荡。然后根据所分类的台风路径时期提取台风时间上的占比，发现在中转向路径类和东转向路径类中存在大幅度的数值浮动，表示台风路径对于台风浪有效波高气候态分布有影响。

2）WAVEWATCH-III 模式模拟北部湾台风的海浪分布分析

通过从日本气象厅区域专业气象中心（RSMC）收集西北太平洋热带气旋资料，台风"杜苏芮"和"卡努"分别于2017年9月12—16日和2017年10月12—16日通过北部湾。台风"杜苏芮"和"卡努"的路径和最大风速如图2.12（a）所示。由于南海水深梯度大，因此有必要确认上述两个台风进入北部湾的路径：台风"卡努"通过琼州海峡（东北方向）向北部湾移动，台风"杜苏芮"通过南海开放水域（东南方向）向北部湾移动。图2.12（b）为北部湾内水深小于50 m区域的等深线地形，该区域在图2.12（a）中用黑色矩形框标记。

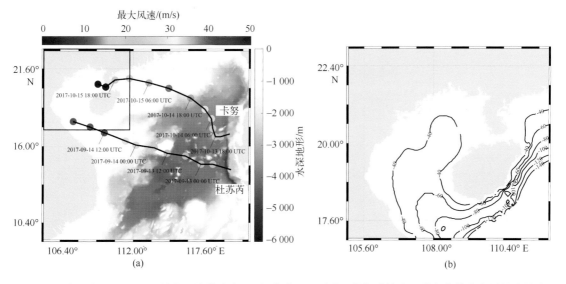

图2.12　南海水深地形图，其中黑线代表台风"杜苏芮"和"卡努"的行动轨迹，彩色点代表台风最大风速
（a）黑色矩形框区域是研究区域；（b）研究区域等深线地形图，与图2.12（a）中的黑色矩形框相对应

自1979年以来，欧洲中期天气预报中心连续提供时间分辨率为6 h的全球网格化大气海洋再分析数据，其网格空间分辨率高达0.125°×0.125°。该开源数据集包含了风速、风向、有效波高和平均波周期等风浪参数。欧洲中期天气预报中心业务数据广泛应用于区域海洋学研究（Moeini et al.，2010；He et al.，2018），特别是风浪数据被认为是开发合成孔径雷达（SAR）风速（Hersbach et al.，2007；Hersbach，2010）和海浪（Shao et al.，2017）反演算法的可靠来源。然而，欧洲中期天气预报中心海浪资料中没有单独的风浪和涌浪，不适用于分析海

浪分布。

因此，本节采用 WW3 数值模式模拟南海（9°—23°N，105°—121°E）区域，包括总体有效波高、风浪有效波高和涌浪有效波高在内的海浪参数，时间范围为 2017 年 9 月 1 日 12 时至 2017 年 11 月 1 日 12 时，输出结果的时间分辨率为 30 min。模型所需水深地形数据由世界大洋深度图（GEBCO）（Weatherall et al.，2015）提供，空间分辨率为 30″（约 1 km）。由欧洲中期天气预报中心提供模型强迫风场数据，同时采用欧洲中期天气预报中心海浪参数对 WW3 模拟结果进行精度评估。因为高度计观测的海浪数据也适用于该流域范围内的研究（Liu et al.，2016），但该研究区域没有可用的公开获取的锚定浮标数据，因此，将 Jason-2 高度计观测数据作为海浪模型模拟结果的验证源。在匹配过程中，将 WW3 模式模拟结果和 Jason-2 观测数据之间的时间差控制在 15 min 内。图 2.13 为风场数据集的示例，图 2.13（a）是 2017 年 9 月 13 日 12 时（台风"杜苏芮"期间）欧洲中期天气预报中心风速图，图 2.13（b）是 2017 年 10 月 15 日 18 时（台风"卡努"期间）欧洲中期天气预报中心风速图，图中彩色线条为 Jason-2 轨迹。图 2.14 是覆盖有 Jason-2 高度计轨迹的欧洲中期天气预报中心有效波高示例图。一般来说，在数据匹配过程中，将欧洲中期天气预报中心数据和 Jason-2 高度计轨迹之间匹配的时间差不超过 15 min，两种数据结果大致相同。

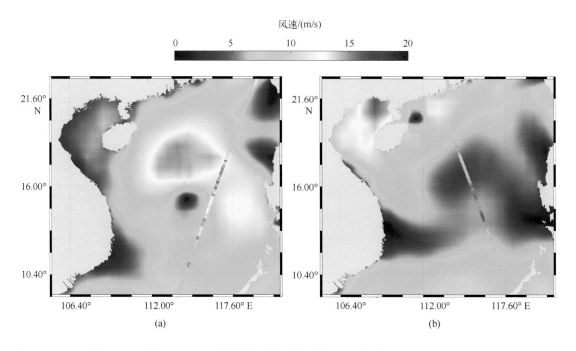

图 2.13　覆盖有 Jason-2 高度计轨迹的欧洲中期天气预报中心（ECMWF）风速图

（a）2017 年 9 月 13 日 12 时（台风"杜苏芮"期间）风速图；（b）2017 年 10 月 15 日 18 时（台风"卡努"期间）风速图

在此节研究中，欧洲中期天气预报中心提供的强迫风场，其空间分辨率为 0.125°，比 30″ 空间分辨率的 GEBCO 水深地形数据要粗糙。利用 WW3 模式，模拟 5°—25°N、100°—125°E

区域范围内的海浪参数，并将该海浪数值结果作为本次海浪模拟的开边界条件。开放边界具有 0.5°网格分辨率，将欧洲中期天气预报中心风场数据和 GEBCO 水深地形数据空间分辨率均设置为 0.5°。WW3 模拟的二维波谱被默认分解为 24 个规则方位角方向，频率区间在 0.041 18~0.718 6，呈对数分布，且 $f/\Delta f = 0.1$。空间传播的时间步长在经度和纬度方向上都设置为 300 s。为了获得合理的数值模式结果，且考虑到欧洲中期天气预报中心风场数据和 GEBCO 水深地形数据在模型中的空间分辨率均为 0.2°，将模型输出的空间分辨率设置为 0.2°。

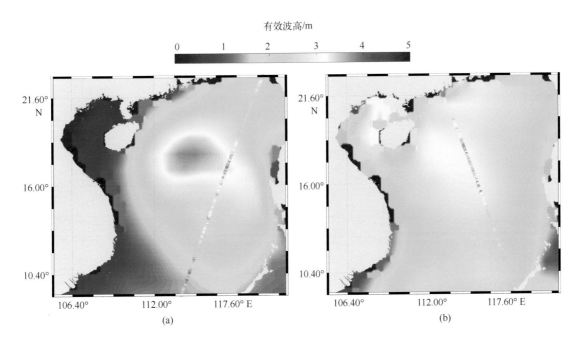

图 2.14　覆盖有 Jason-2 高度计轨迹的欧洲中期天气预报中心有效波高图

(a)2017 年 9 月 13 日 12 时(台风"杜苏芮"期间)有效波高图；(b)2017 年 10 月 15 日 18 时(台风"卡努"期间)有效波高图

利用 WW3 数值模式模拟 2017 年 9 月 1 日 12 时到 2017 年 11 月 1 日 12 时期间的台风浪。图 2.15 和图 2.16 分别为 2017 年 9 月 15 日 12 时(台风"杜苏芮"通过北部湾期间)和 2017 年 10 月 15 日 12 时(台风"卡努"通过北部湾期间)的总有效波高数值模拟结果，其中图 2.15(a)至图 2.15(d)是分别使用 DIA、WRT、GMD1 和 GMD2 软件包所模拟的数值结果。结果表明，模拟得到的最大有效波高接近 4 m，用 WRT 软件包模拟所得有效波高明显小于其他三种软件包所得到模拟结果，特别是在台风"杜苏芮"期间海南岛区域附近。这并不奇怪，因为 WRT 软件包在高度理想化的情况下效果更好，而海南岛附近水深地形变化显著。为了进一步研究具有非线性项四波相互作用包的精度，还将模拟结果与欧洲中期天气预报中心海浪参数数据与 Jason-2 高度计的有效波高进行了对比。

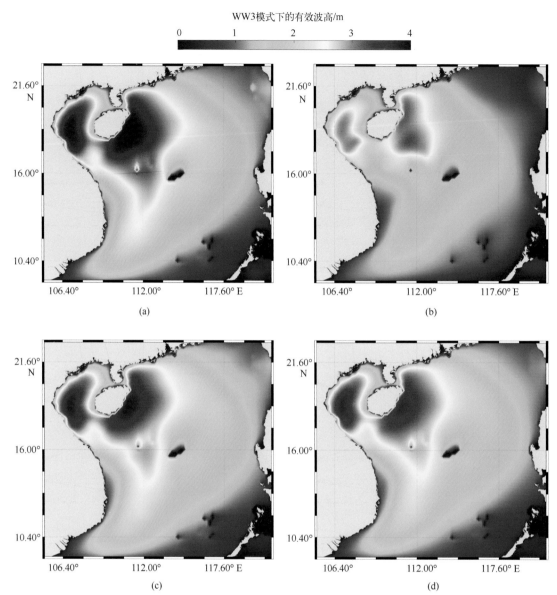

图 2.15 使用四种软件包的非线性四波相互作用项模拟得到的
2017 年 9 月 15 日 12 时(台风"杜苏芮"期间)有效波高图
(a)使用 DIA 软件包的数值模拟结果;(b)使用 WRT 软件包的数值模拟结果;
(c)使用 GMD1 软件包的数值模拟结果;(d)使用 GMD2 软件包的数值模拟结果

图 2.17 显示了 2017 年 9 月 1 日至 2017 年 11 月 1 日期间,欧洲中期天气预报中心的有效波高数据与 WW3 数值模式模拟的有效波高之间的对比结果。进一步分析发现,使用 DIA 和 GMD1 软件包的有效波高标准差(STD)为 0.37 m。使用 WRT 软件包的有效波高 STD 为 0.38 m,尤其是当有效波高大于 2 m 时,模拟的有效波高普遍小于欧洲中期天气预报中心提供的有效波高数据。使用 GMD2 软件包的有效波高 STD 为 0.36 m,模拟结果与欧洲中期天气预报中心的有效波高有较好的一致性。因为欧洲中期天气预报中心提供的风场数据被用作 WW3 数值模式的强迫风场,

因此，需要一个独立的数据源进一步验证 WW3 数值模式的模拟结果。

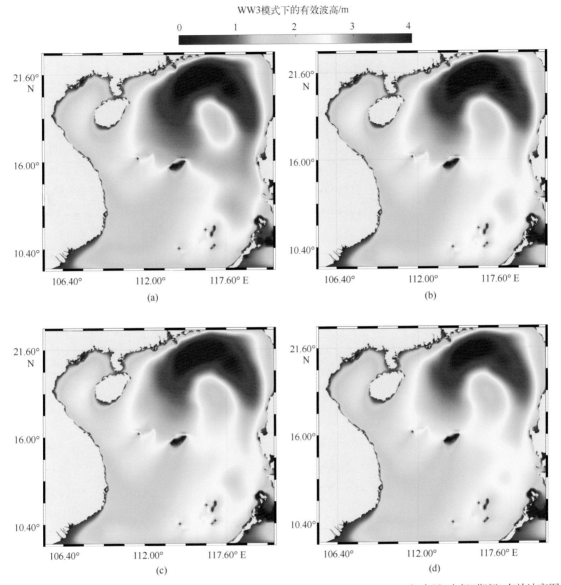

图 2.16　使用四种软件包的非线性四波相互作用项模拟得到的 2017 年 10 月 15 日 12 时(台风"卡努"期间)有效波高图
(a)使用 DIA 软件包的数值模拟结果；(b)使用 WRT 软件包的数值模拟结果；
(c)使用 GMD1 软件包的数值模拟结果；(d)使用 GMD2 软件包的数值模拟结果

在两个台风"杜苏芮"和"卡努"经过中国南海期间，WW3 模式模拟结果与欧洲中期天气预报中心有效波高数据匹配得到 5 000 多组匹配点。图 2.18 中，比较了使用四种可选软件包模拟的有效波高与 Jason-2 高度计观测得到的有效波高。通过与 Jason-2 高度计验证的结果，发现 WW3 模式模拟的有效波高通常偏低。此外，当有效波高大于 2 m，使用 WRT 软件包时 WW3 模拟的有效波高也明显小于 Jason-2 高度计观测得到的有效波高。这一结果与 Stopa 和 Cheung(2014)中的结论一致，即与现场实测浮标数据和高度计观测数据相比，欧洲中期天气预报中心提供的数据通常低估了风速和有效波高。进一步分析发现，使用 DIA、GMD1 和 GMD2 软件包模拟的有效波高的标准差分别为 0.62 m、0.64 m 和 0.58 m，而使用 WRT 软件包模拟的有效波高的标准差为 0.70 m。总之，WRT 软件包可能不适用于复杂地形和极端条件下的海浪模拟。

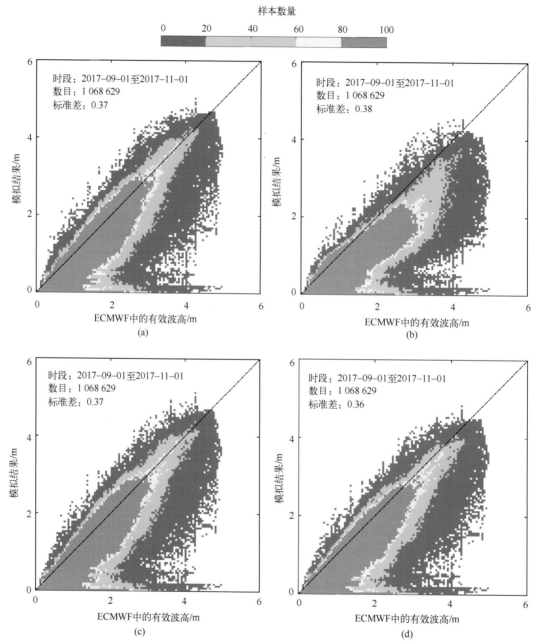

图 2.17　WW3 数值模拟结果与欧洲中期天气预报中心提供的有效波高之间的比较，其中颜色表示数据量

(a)使用 DIA 软件包的数值模拟结果；(b)使用 WRT 软件包的数值模拟结果；

(c)使用 GMD1 软件包的数值模拟结果；(d)使用 GMD2 软件包的数值模拟结果

　　根据当地水深调整参数 D，使用 DIA 软件包可适合于深水或浅水的海浪模拟，但 GMD 软件包能够调用多个四重波参数，在复杂地形区域有更强的适用性。虽然 GMD 系列软件包的计算公式相同，但根据上述统计分析，GMD2 的性能优于 GMD1。WRT 软件包的计算结果比其他软件包

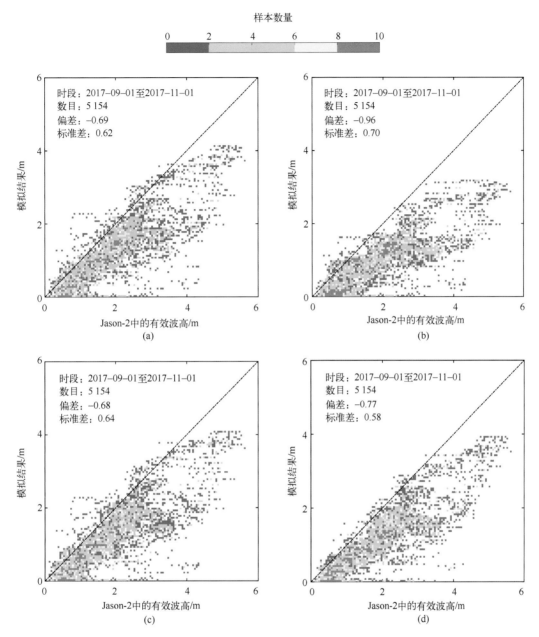

图 2.18　WW3 数值模拟结果与 Jason-2 高度计测量值之间的比较，其中颜色表示数据点的数量

(a) 使用 DIA 软件包的数值模拟结果；(b) 使用 WRT 软件包的数值模拟结果；

(c) 使用 GMD1 软件包的数值模拟结果；(d) 使用 GMD2 软件包的数值模拟结果

的计算结果更好，但计算量也更大。然而，它需要输入规则的水下地形，如三角网格及子网格信息，这也可能是 WRT 软件包与其他软件包有较大偏差的原因。因此，在 WW3 模式中加入 GMD2 软件包并进行海浪参数模拟，用于分析这两次台风期间北部湾的海浪特征。此外，根据 Stopa 和 Cheung(2014)得出的结论，欧洲中期天气预报中心提供的海浪数据在全球海洋都具有良好的同质性，因此在估计波高趋势方面具有很大的优势。在本节研究中，WW3 模式的数值模拟结果与欧洲中期天气预报中心提供的有效波高数据之间对比误差小于 0.40 m，表明 WW3 模式适合分析研究区域的海浪分布特征。

在本节中，利用 Chu 和 Cheng（2008）提出的方法，采用 WW3 模式分别输出风浪和涌浪参数，该方法被广泛用于研究基于 WW3 模型的全球风浪（Hanson，Jensen，2004）和涌浪（Zhang et al.，2011）分布特征。下图为两个台风特定时刻位于北部湾中部定点（19.5°N，107.5°E）的海浪谱。其中图 2.19 和图 2.20 分别为 2017 年 9 月 16 日 06 时（台风"杜苏芮"期间）和 2017 年 10 月 16 日 06 时（台风"卡努"期间）使用 GMD2 软件包模拟的二维能量密度海浪谱。图 2.19 中，台风"杜苏芮"由涌浪和风浪混合而成，混合浪占主导，而在图 2.20 中，台风"卡努"的风浪占主导地位。有趣的是，台风"杜苏芮"的二维能量密度海浪谱中，风浪和涌浪传播方向相差 45°，这很有可能是由于海浪传播到近岸反射造成的。而台风"卡努"的二维能量密度海浪谱中，风浪和涌浪传播方向一致。

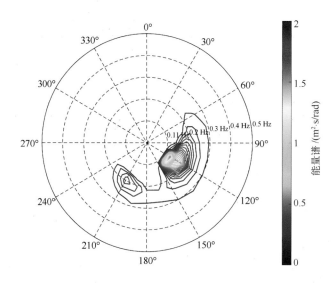

图 2.19　2017 年 9 月 16 日 06 时，台风"杜苏芮"在点（19.5°N，107.5°E）处的二维能量密度波谱

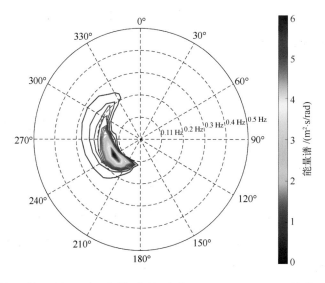

图 2.20　2017 年 10 月 16 日 06 时，台风"卡努"在点（19.5°N，107.5°E）处的二维能量密度波谱

图2.21(a)至图2.21(c)为2017年9月16日06时(台风"杜苏芮"期间)北部湾总有效波高、风浪有效波高和涌浪有效波高的分布。如图2.21(a)所示,台风"杜苏芮"的活动轨迹从东南方向穿过北部湾,此时涌浪几乎占据了整个海湾。同样,图2.22(a)至图2.22(c)分别显示了2017年10月16日上午06时(台风"卡努"期间)的总有效波高、风浪有效波高和涌浪有效波高的分布。与台风"杜苏芮"相反,台风"卡努"行动轨迹从东北方向穿过北部湾。此时,整个海湾基本上以风浪为主,北部湾以外的海南岛以东海域则以涌浪为主。如本例所示,当台风从这两条路径通过北部湾时,海浪的分布是不同的。

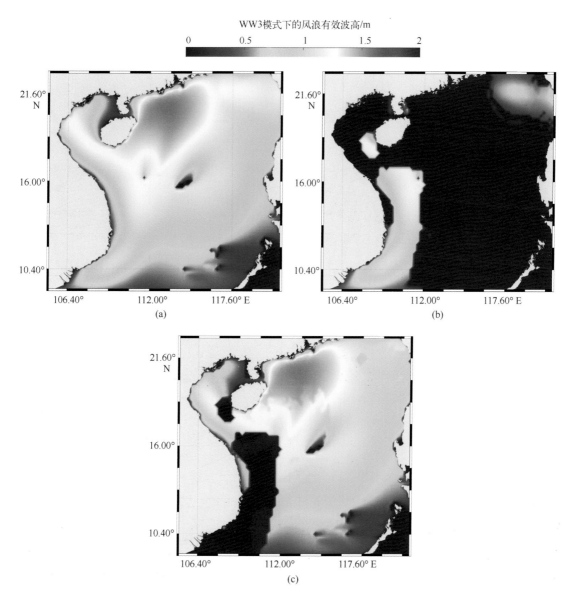

图2.21　2017年9月16日06时(台风"杜苏芮"期间)的海浪分布

(a)总有效波高分布;(b)风浪有效波高分布;(c)涌浪有效波高分布

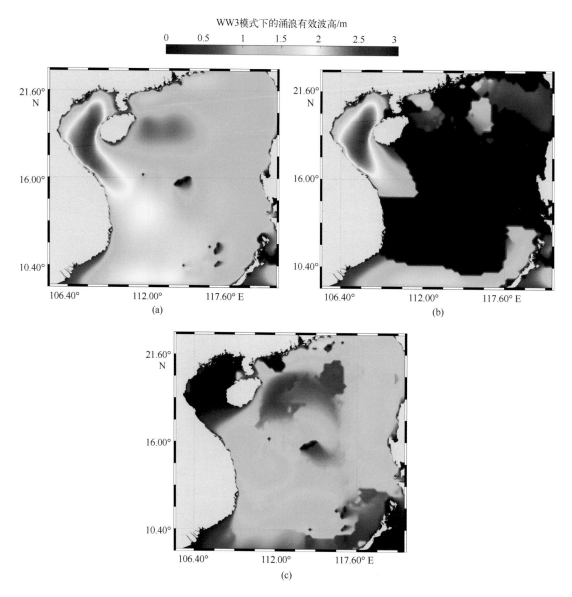

图 2.22   2017 年 10 月 16 日 06 时（台风"卡努"期间）海浪分布

（a）总有效波高分布；（b）风浪有效波高分布；（c）涌浪有效波高分布

　　本节中还分析了 2017 年 9 月 1 日至 10 月 31 日期间定点（19.5°N，107.5°E）测量的波高变化趋势，该点的总有效波高、风浪有效波高和涌浪有效波高随时间序列变化如图 2.23 所示。可以清楚地观察到，在台风"杜苏芮"期间，北部湾中风浪和涌浪混合而成的混合浪占主导地位，当风浪充分成长后，涌浪占主导地位。然而，在台风"卡努"期间，风浪始终占主导地位，而涌浪占比很小。

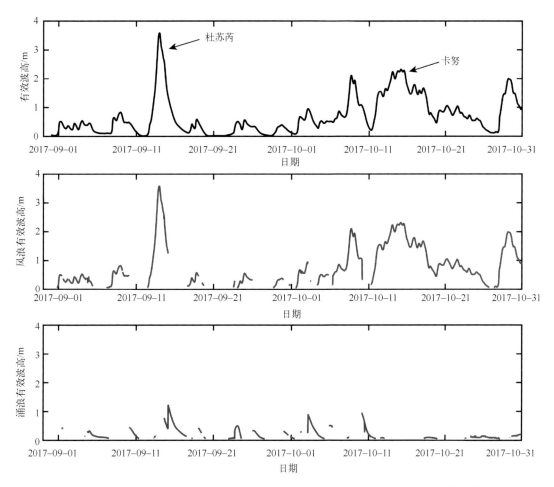

图 2.23　2017 年 9 月 1 日至 2017 年 10 月 31 日固定点(19.5°N，107.5°E)波高变化趋势
(a)有效波高；(b)风浪有效波高；(c)涌浪有效波高

　　为了进一步分析北部湾的海浪分布，图 2.24 给出了 2017 年 9 月 12—16 日台风"杜苏芮"的日平均风浪占比。结果表明，2017 年 9 月 13—15 日，北部湾出现了风浪，但在 2017 年 9 月 16 日后，涌浪传播进入北部湾。随着台风"杜苏芮"从东南方向进入北部湾，风浪沿海岸线逆时针方向传播，导致风浪在北部湾长期滞留和发展，也使得涌浪延迟两天传播进入北部湾。有趣的是，9 月 14 日，涌浪在越南沿海水域占主导地位，其能量占总能量的比例高达 60%。这种结果需要通过更多的台风数据来进行深入研究。

　　图 2.25 为 2017 年 10 月 12—16 日台风"卡努"的日平均风浪占比。2017 年 10 月 12 日，风浪在北部湾内部传播，而涌浪主要分布在北部湾以外的海南岛东部。一个合理的解释是，台风"卡努"从东北方向向北部湾移动，造成经琼州海峡进入北部湾的风浪尺度较小，而台风引起的中尺度涌浪难以向北部湾传播。这一发现与上述定点分析结果一致。

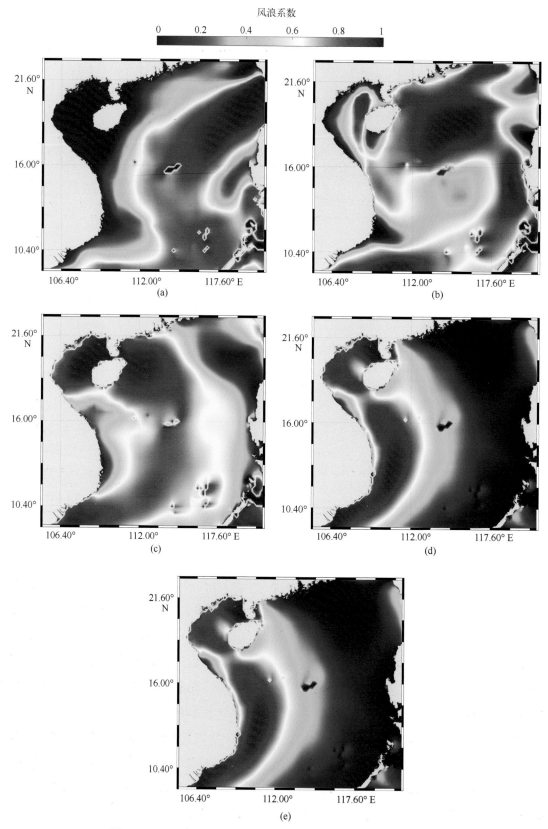

图 2.24　2017 年 9 月 12—16 日台风"杜苏芮"的日平均风浪占比

（a）9 月 12 日；（b）9 月 13 日；（c）9 月 14 日；（d）9 月 15 日；（e）9 月 16 日

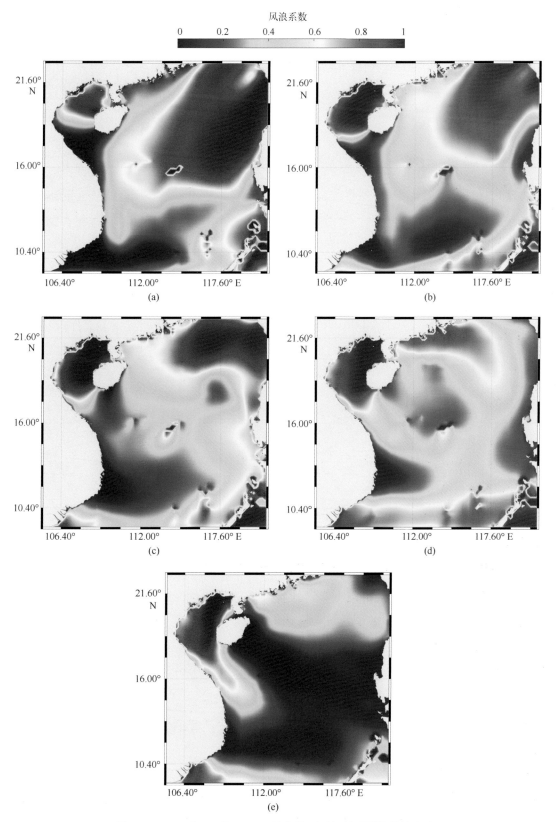

图 2.25　2017 年 10 月 12—16 日台风"卡努"的日平均风浪占比

（a）10 月 12 日；（b）10 月 13 日；（c）10 月 14 日；（d）10 月 15 日；（e）10 月 16 日

迄今为止，通过观测（Xu et al.，2017）和数值模拟（Chu et al.，2004；Cao et al.，2017）的方法分析南海海浪分布的研究工作很少。北部湾是南海西北部的一个半封闭海湾，它拥有丰富的渔业资源，也是人类活动的主要海域。夏季，来自太平洋的台风经常经过水深不超过 50 m 的北部湾，其中有两条可供台风通过的路径。因此，北部湾区域海浪分布值得进一步研究，特别是在台风期间。在本节研究中，验证了 WW3 模式最新版本（6.07）对海浪模拟的适用性，同时分析了北部湾台风浪分布。

非线性波-波相互作用是浅水区域海浪模拟中的重要因素。WW3 模式提供了四个可选的非线性四波相互作用项软件包，分别命名为 DIA、WRT、GMD1 和 GMD2。在 2017 年 9 月 1 日至 2017 年 10 月 31 日期间，用这四个软件包分别模拟了台风"杜苏芮"和"卡努"通过两条路径进入北部湾期间的海浪场（基本上是有效波高）。将 WW3 模式模拟的有效波高与欧洲中期天气预报中心及 Jason-2 高度计观测得到的有效波高数据进行数据匹配，结果发现用 WRT 软件包模拟的有效波高偏小，特别是对于有效波高大于 2 m 时，这主要是因为 WRT 软件包适用于高度理想化的网格地形，如三角网格及子网格信息。具有多个波数参数的 GMD 软件包实际上是 DIA 软件包的扩展包，使用 GMD2 软件包可以提高 WW3 模式模拟有效波高的模拟精度。

通过加入了 GMD2 软件包的 WW3 模式模拟海浪参数，分析了"杜苏芮"和"卡努"台风期间北部湾的海浪分布特征。当台风通过两种不同的路径进入北部湾时，北部湾台风浪分布也大相径庭。台风"杜苏芮"从东南方向通过北部湾时，由于风浪在北部湾长期存在和成长，导致前、中期以风浪为主，后期以涌浪为主。台风"卡努"从东北方向向琼州海峡移动时，整个过程以风浪为主，这主要是因为台风引起的涌浪难以通过狭窄的琼州海峡传播到北部湾，因此涌浪分布在北部湾以外的海南岛以东。

综上所述，GMD2 软件包适用于模拟南海台风浪。后续的研究将考虑利用 WW3 模式模拟近30 年来通过南海的台风期间的海浪参数，并对南海台风浪的气候特征进行分析。

3）黑潮背景下 WAVEWATCH-Ⅲ模式模拟台风浪分布分析

本节台风数据由日本气象厅区域专业气象中心（RSMC）提供，该气象中心提供了西北太平洋的 1950 年至今的所有热带气旋信息。该信息表明，台风"泰利"发生时期是 2017 年 9 月 8—22日。台风区域内水深地形以及相关的台风路径和最大风速如图 2.26（a）所示，其中台风"泰利"的轨迹与黑潮流经路径一致。图 2.26（b）为 2017 年 9 月 16 日 06 时由美国国家大气研究中心（NCAR）提供的 CFSv2 海表流场图像。值得注意的是，当台风"泰利"经过最大流速区域时刚好出现了最大风速（高达 50 m/s）。从图 2.26 中发现，在台风期间影响流速的主要是台风引起的海表流场变化。

欧洲中期天气预报中心（ECMWF）主要职责是提供全球的气象预报和相关气象信息。ECMWF 利用先进的气象模型和观测数据，通过收集、分析和解释海洋和大气环境的数据来进行天气预报。它提供全球网格化的大气再分析数据，其空间分辨率高达 0.125°，时间分辨率为6 h，可以从开源数据集中免费获取。ECMWF 再分析数据广泛用于海洋学研究（Moeini et al.，

2010；He et al.，2018），例如，在先前研究中，ECMWF 海浪数据是作为验证 WW3 模拟结果的有效数据源（Fan et al.，2012）。

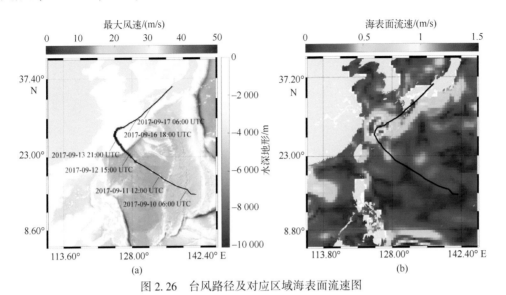

图 2.26　台风路径及对应区域海表面流速图

（a）模拟区域的地形和台风路径；（b）2017 年 9 月 16 日 06 时 CFSv2海表流场数据

其中黑线代表日本东京台风中心（JMA）提供的台风"泰利"的轨迹，图（a）中的颜色点表示台风的最大风速

但是，由于这些数据集中缺少单独的风浪和涌浪信息，因此，ECMWF 波浪数据不适用于波浪特征分布分析。因此，在本节研究中利用 WW3 模式模拟了台风浪的变化如图 2.27 所示，包括风浪有效波高和涌浪有效波高。

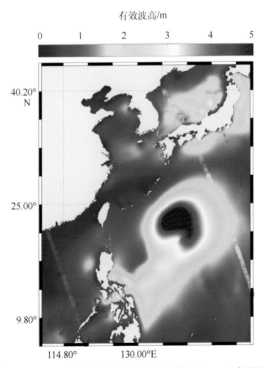

图 2.27　WW3 模式有效波高结果覆盖有 Jason-2 高度计数据

本节中选取 Jason-2 高度计数据来验证 WW3 模式模拟结果，通过收集与 WW3 模式模拟区域内重合的 Jason-2 高度计数据进行数据匹配。由于 WW3 模型的时间输出间隔设置为 30 min，因此将 Jason-2 高度计数据与 WW3 模拟的有效波高匹配过程中时间差控制在 15 min 以内。在模式模拟时间段内，共有 7 000 多组匹配点。图 2.28 显示了 WW3 模拟的有效波高与 Jason-2 高度计同时空范围内的观测点。从图中可以看出高度计测量的数据与 WW3 模式的模拟结果接近。此外，从图 2.28 对比图可以看出，WW3 模拟的有效波高与高度计 Jason-2 收集的有效波高非常吻合。对比图中显示了共有 7 000 组匹配点，其中有效波高均方根误差（RMSE）为 0.34 m，散射指数（SI）为 0.45。SI 计算方程为

$$SI = \frac{1}{X_i}\sqrt{\frac{1}{n}\sum [Y_i - \hat{Y}_i - (X_i - X_i)]^2} \tag{2.20}$$

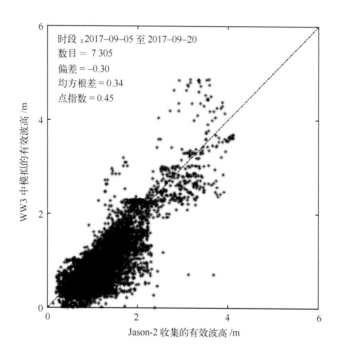

图 2.28　WW3 模式有效波高结果与 Jason-2 高度计数据对比结果

从对比结果可以看出，WW3 模式模拟的 SWH 偏低，与高度计的测量结果相比，偏差为 -0.30 m。造成该结果的原因可能是由于 ECMWF 风场的数据值偏低，这个解释也与 Stopa 和 Cheng（2014）的结论一致。

图 2.29 显示了 2017 年 9 月 13—16 日有效波高的日平均结果，图中高值有效波高均出现在同一区域，且由于台风"泰利"与黑潮路径位置重合，随着时间的流逝，有效波高高值区域随台风移动而偏移。此外，如图 2.29 所示，发现 9 月 14 日东海最大有效波高达到 10 m，这与强风引起的该区域的最大流速（约 1.5 m/s）结果表现较为一致。有趣的是，图 2.30 所示的 CFSv2 平均流场流速结果分布与模式模拟的有效波高分布相同。此外，如图 2.30（c）和图

2.30(d)清楚可见，台湾东部的海表面流速大于西部的海表面流速，此结果也与有效波高的分布特征一致。

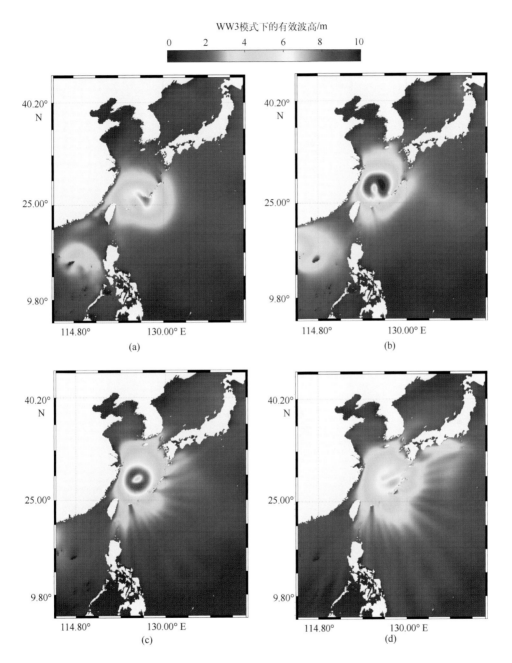

图 2.29　WW3 模式模拟的有效波高日平均图

(a)9 月 13 日；(b)9 月 14 日；(c)9 月 15 日；(d)9 月 16 日

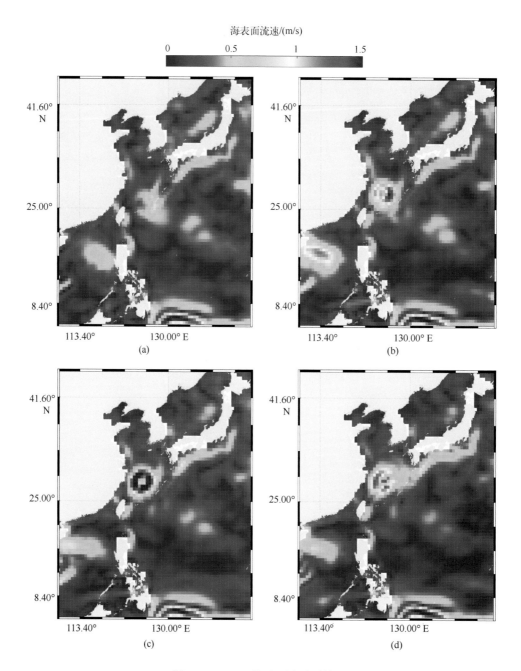

图2.30　CFSv2海表面流速平均图

(a)9月13日；(b)9月14日；(c)9月15日；(d)9月16日

　　图2.31显示了9月13—16日的海表面流速的相对涡度，其分布特征与WW3模式模拟的有效波高分布不一致。特别是在图2.31(a)中明显发现了海流表面相对涡度区域的分布与有效波高区域分布的趋势有所差异。

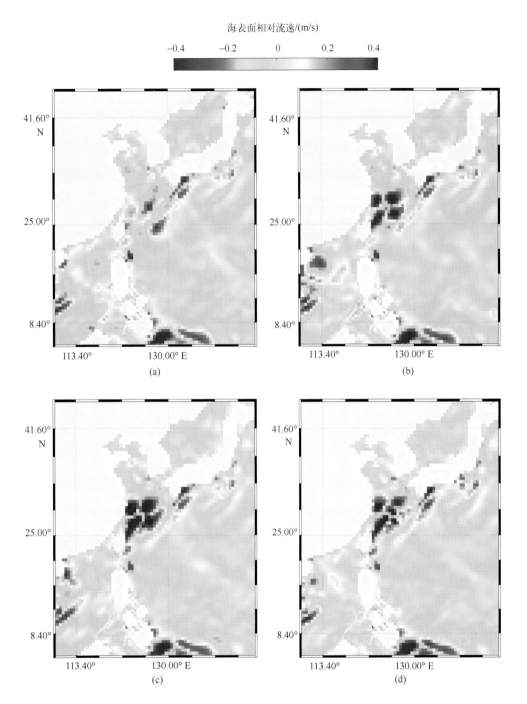

图 2.31　CFSv2 海表面流速的相对涡度日平均图

(a)9 月 13 日；(b)9 月 14 日；(c)9 月 15 日；(d)9 月 16 日

图 2.32 显示了 9 月 13—16 日谱峰波长日平均分布图，发现谱峰波长的分布与有效波高分布不同，特别是在图 2.32(c) 和图 2.32(d) 中。图 2.33 表示 9 月 13—16 日的谱峰波速日平均图，其中存在有较多的空白区域，此结果与 WW3 模式模拟的波浪场没有表现出明显的关系。

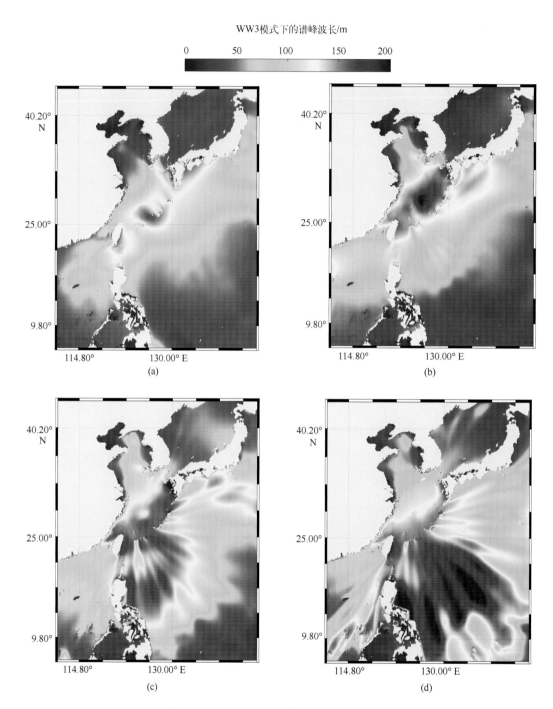

图 2.32　WW3 模式模拟的谱峰波长日平均图

(a)9 月 13 日；(b)9 月 14 日；(c)9 月 15 日；(d)9 月 16 日

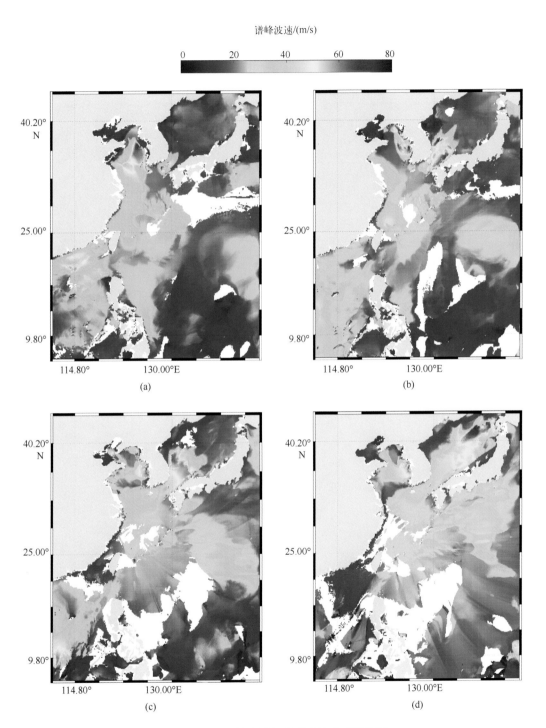

图 2.33 WW3 模式模拟的谱峰波速日平均图

(a)9 月 13 日；(b)9 月 14 日；(c)9 月 15 日；(d)9 月 16 日

  图 2.34 表明 9 月 13—16 日日平均波陡率与 WW3 模式模拟有效波高显示出高度相关性。通过以上的结果可以得出，海表流速与台风过程中有效波高之间存在正相关关系。

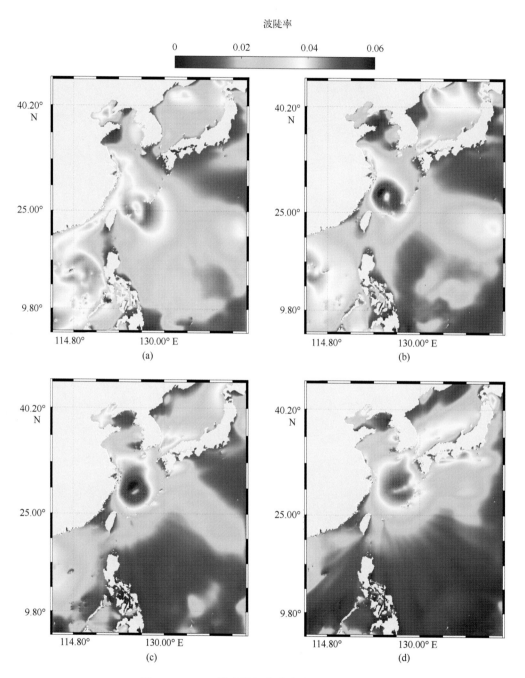

图 2.34 WW3 模式模拟的波浪波陡率日平均图

(a)9 月 13 日；(b)9 月 14 日；(c)9 月 15 日；(d)9 月 16 日

  为了更好地说明海表流速(例如黑潮与风引起的海表流速)以及台风时期有效波高之间的关系，本节还选择了在研究区域内的 6 个特征点进一步分析。这些点的地理位置如图 2.35 所示。

其中两个点 A 和 C 位于黑潮流经的台湾岛东部地区。B 点和 D 点两个点位于有效波高最大值区域，而且位于台风"泰利"路径的两侧。E 点和 F 点这最后两个点位于接近日本岛的区域，F 也位于黑潮范围内。图 2.36 中散点关系图是由图 2.35 中黑色矩形内的研究区数据生成，可以用来描述该区域海表面流场流速和有效波高之间的关系。

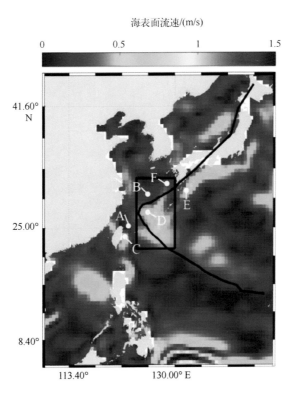

海表面流速/(m/s)

图 2.35　2017 年 9 月 13—17 日 CFSv2 平均流速图

如图 2.36(a)所示，海表面流场流速和有效波高相关性高达 0.75，表明台风期间的海表面流场流速与有效波高呈正相关性。图 2.36(b)中发现台风期间的海表面流场流向与有效波高没有直接关系。同时，在图 2.36(c)和图 2.36(d)中发现海表面流场流向和主波波向之间在台风活动期间没有明显的关系。

图 2.37 为图 2.35 中所选择的 6 个特征点的海表面流场流速与台风时期有效波高随着时间变化的图像。通过对黑潮流经的台湾岛东部区域上的 A 和 C 点分析，发现在 9 月 11 日至 20 日台风期间有效波高与海表面流场流速变化趋势相似。这种相似的变化关系在图 2.37(b)中最为明显。在图 2.37(d)发现当有效波高达到 11 m，并且海表面流场流速超过 1 m/s，此时有效波高与海表面流场流速变化趋势相似。尽管在台风"泰利"开始时，在 A 点和 C 点的海表面流速分别约为 0.2 m/s 和 0.4 m/s，但海表面流场流速时间变化趋势与有效波高相似。另外，图 2.37(c)和图 2.37(e)显示在 9 月 11 日之前海表面流场流速约为 0.5 m/s，没有受到任何强风引起的海表面流速影响，说明了海表面流场流速在某种情况下与有效波高有关。但是，如图 2.37(a)和

图2.37(f)所示，在海表面流场流速小于0.2 m/s时，海表面流场流速与有效波高之间的关系较弱，并不明显。但在那些靠近陆地区域的点A、点C、点E和点F中发现，有效波高和海表面流场流速之间有微弱的关系。总的来说，这些结果表明，当海表面流场流速大于0.5 m/s时，应考虑海表面流场对于海浪模拟的影响。因此，波流相互作用项对于台风过程中海浪模拟尤为重要。

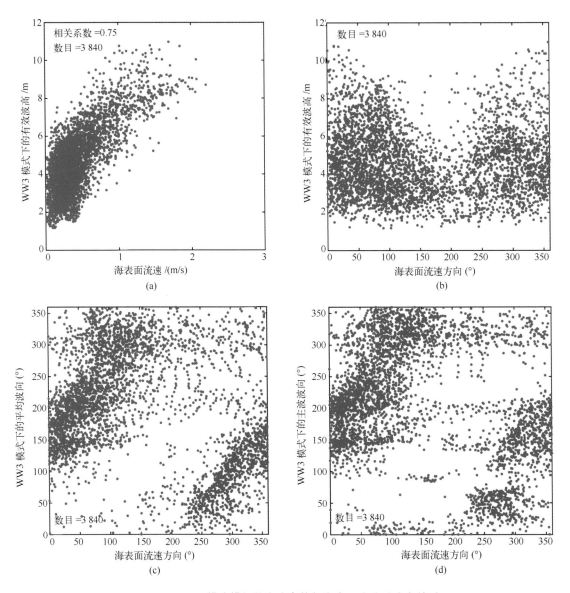

图2.36　WW3模式模拟的海浪参数与海表面流速及流向关系

（a）海表面流场流速与WW3模式模拟有效波高对比关系图；（b）海表面流场流向与WW3模式模拟有效波高对比关系图；
（c）海表面流场流向与WW3模式模拟海表平均波向对比关系图；（d）海表面流场流向与WW3模式模拟海表主波波向对比关系图

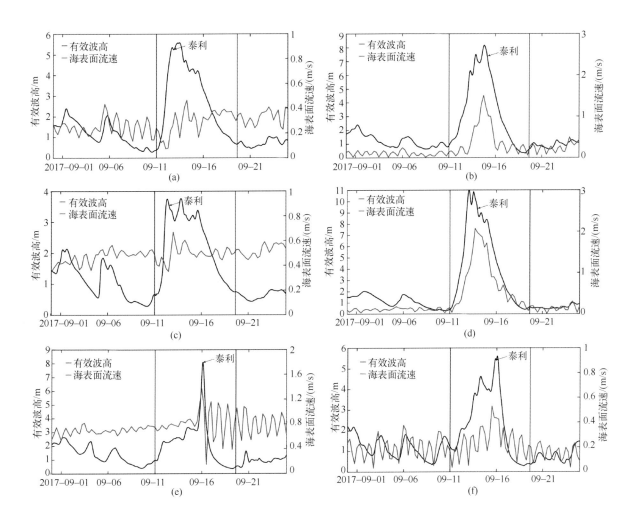

图 2.37　2017 年 9 月 1—21 日台风时期有效波高与海表面流场流速时间变化图

图中(a)至(f)对应图 2.35 中 A 至 F 各点

　　通过之前的研究表明，WW3 模式可以单独地模拟风浪和涌浪数据将有效波高进行分离，并广泛用于研究全球海域的风浪和涌浪分布(Bi et al.，2015；Gallagher et al.，2016)。为了进一步研究海表面流场流速与海浪有效波高之间的相互作用，本研究将波浪系统划分为单独的风浪和涌浪分量。例如，图 2.38 中显示了 2017 年 9 月 13—16 日 WW3 模式模拟的风浪平均有效波高。图中可以看出，自 9 月 14 日起，最大风浪有效波高达到近 8 m。图 2.39 显示了 2017 年 9 月 13—16 日 WW3 模式模拟的涌浪平均有效波高图像，其最大涌浪有效波高小于 6 m。本节研究发现，台风眼周围的海浪主要由风浪组成，而台风外部则由涌浪组成。且在东海，海表面流场的分布与风浪有效波高的分布一致，这种一致性在图 2.38(b)和图 2.38(c)中表现尤为明显。

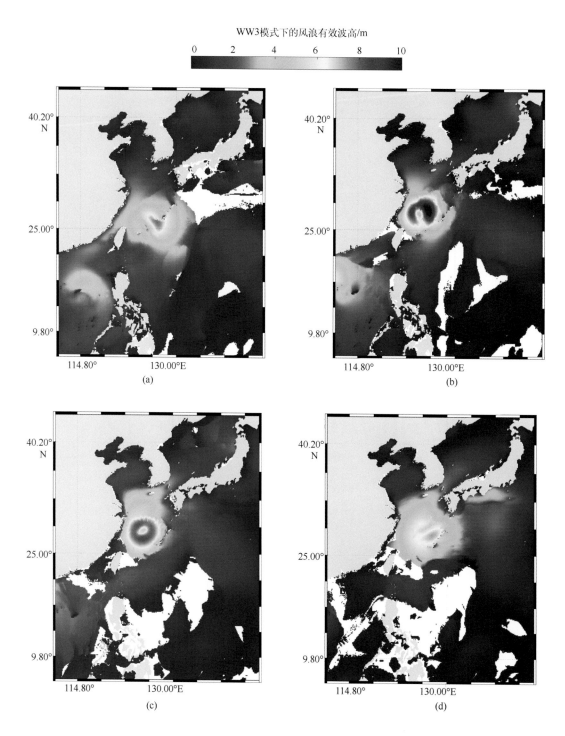

图 2.38　WW3 模式模拟的风浪有效波高日平均图

（a)9 月 13 日；（b)9 月 14 日；（c)9 月 15 日；（d)9 月 16 日

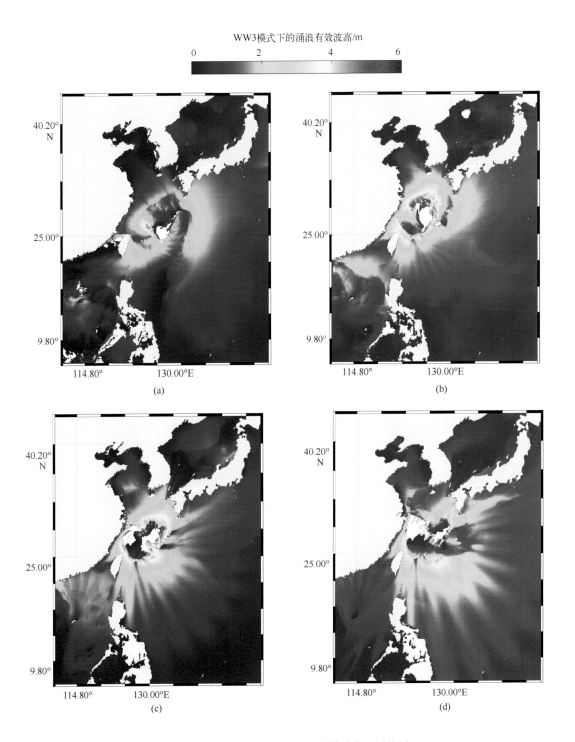

图 2.39　WW3 模式模拟的涌浪有效波高日平均图

(a)9 月 13 日；(b)9 月 14 日；(c)9 月 15 日；(d)9 月 16 日

　　如图 2.40 和图 2.41 所示，本节研究选择了与图 2.35 中相同的点 A 至 F 来分析台风整个持续时间内的风浪与涌浪及海表面流场流速之间的关系。可以清楚地发现，9 月 13—16 日的海表面流场流速变化趋势与风浪有效波高变化趋势一致[图 2.40(b)(B 点)和图 2.40(d)(D 点)]。

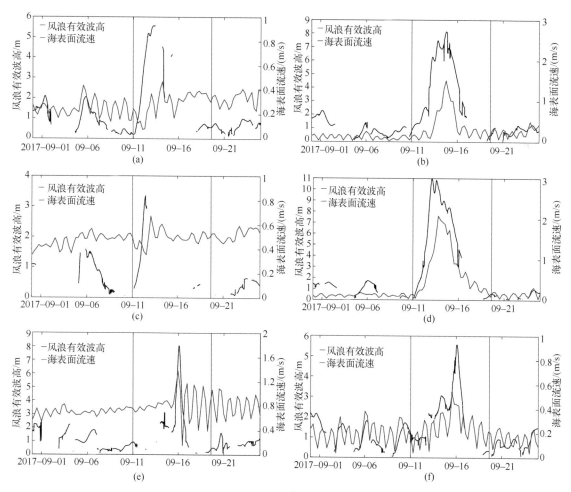

图 2.40　2017 年 9 月 1—21 日风浪有效波高与海表面流场流速随时间变化图

图中(a)至(f)对应图 2.35 中 A 至 F 各点

　　然而，如图 2.41(b)和图 2.41(d)所示，涌浪有效波高和海表面流场流速之间的关系很复杂。在 C 点和 E 点上，涌浪在 9 月 13—16 日占主导地位，海表面流场与涌浪有效波高之间的关系较弱。同样，当海表面流场流速值较小时(点 A 和 F)，海表面流场和有效波高之间没有紧密的相关性。该分析表明，海表面流场与台风过程中波浪场有效波高分布的相互作用主要取决于海浪系统中的风浪成分。尽管台风引起的海流分布特征与风浪有效波高分布特征一致，但风浪与海表面流场之间的相互作用过程很复杂，例如能量交换、热量耗散等。

　　在台风期间的波浪模拟中，波流相互作用经常被忽略。而且黑潮在西北太平洋的公海海域中起着重要的作用。此外，台风中的强风还会引起强烈的海表面流速变化。在本章的研究中通过对台风"泰利"路径研究发现，在 2017 年 9 月 13—16 日台风"泰利"的活动轨迹与黑潮流经轨迹几乎一致。同时运用了 WW3 模型(5.16)研究并分析了台风过程中的海浪在考虑海表面流场项(包括黑潮和强风引起的海流)作用。值得注意的是,台风眼周围的强风引起的海流(高达1.5 m/s)强于黑潮流速。但是,在远离台风眼或风速较小的地区中,黑潮仍在海表面流场中占据主导地位。

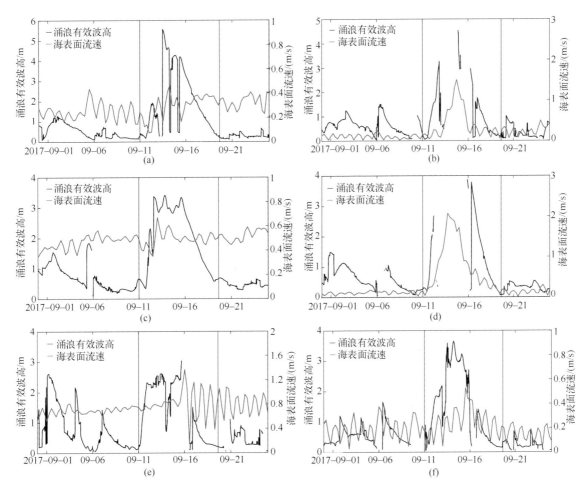

图 2.41　2017 年 9 月 1—21 日涌浪有效波高与海表面流场流速随时间变化图

图中(a)至(f)对应图 2.35 中 A 至 F 各点

在本节中,使用了 WW3 模式从 2017 年 8 月 1 日至 2018 年 10 月 1 日模拟有效波高,考虑了波流相互作用项,采用 ECMWF 风场数据作为强迫风场,以 CFSv2 流场作为流场强迫场来驱动WW3 模式。利用 Jason-2 高度计的测量数据来验证 WW3 模式模拟的有效波高结果,二者数据对比结果显示出 0.34 m 的均方根误差(RMSE)和 0.45 的散射指数(SI)。且发现有效波高与海表面流场流速呈正相关,而有效波高与其他若干波参数(例如,谱峰波长和谱峰波速)之间没有任何相关性。但当海表面流场流速大于 0.5 m/s 时,海表面流场的变化趋势也与有效波高和波陡率的变化一致。但是,对于低于 0.2 m/s 的海表面流场流速,很难得出任何明确的结论。

本节通过从海表面流场影响的背景下分析了流场对于风浪和涌浪的分布。风浪有效波高的高值区域与海表面流速高值区域分布一致，而海表面流场与涌浪之间的关系较弱。综上所述，可以得出包括黑潮和强风引起海表面流场在内的海流与台风波浪场之间存在正相关关系，而且主要作用于波浪系统中的风浪部分。

4）WAVEWATCH-Ⅲ模式模拟舟山群岛浅海台风浪的评价

此节利用海浪数值模型 WW3 模拟了 2014 年台风"凤凰"和 2015 年台风"灿鸿"期间东海的海浪。模拟区域位于 21°—34°N、117°—131°E，该区域的水深地形由世界大洋深度图（GEBCO）提供，空间分辨率为 0.01°，如图 2.42 所示。

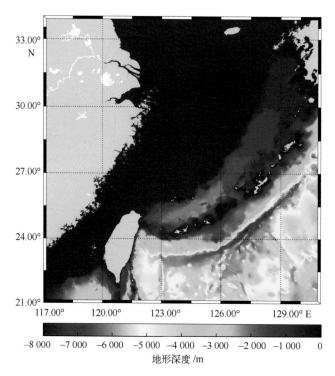

图 2.42　东海模拟区域（21°—34°N，117°—131°E）水深地形图

自 1979 年以来，ECMWF 提供了连续的再分析风场数据，其空间分辨率为 0.125°，时间分辨率为 6 h。在之前的研究中，使用的是 ECMWF 在海面以上 10 m 处的风场数据作为 WW3 模式的驱动场，并分析全球风浪和涌浪能量分布（Zheng et al.，2016）。同时，从日本气象厅区域专业气象中心（RSMC）收集了台风"凤凰"和"灿鸿"的最佳路径数据，该数据包含了台风中心的位置、中心气压和最大风速半径。图 2.43 显示台风"凤凰"和"灿鸿"穿过舟山群岛的路径。为了获得更加合理的台风风场，利用 JMA 最佳台风轨迹数据，在 ECMWF 再分析风场数据网格上采用参数化 Holland 台风模型，并选取 ECMWF 风场数据与 Holland 台风模型模拟值之间的最大值，构建H-E 台风风场，作为 WW3 海浪模式驱动风场，如图 2.44 所示，颜色表示风速，箭头表示风向。图 2.44（a）为 2014 年 9 月 22 日 12 时台风"凤凰"H-E 风场，图 2.44（b）为 2015 年 7 月 11 日 06时台风"灿鸿"H-E 风场。

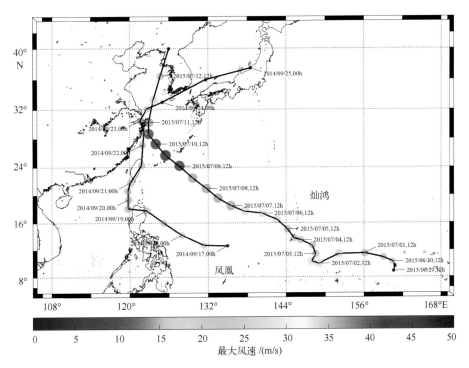

图 2.43　台风"凤凰"和"灿鸿"路径图

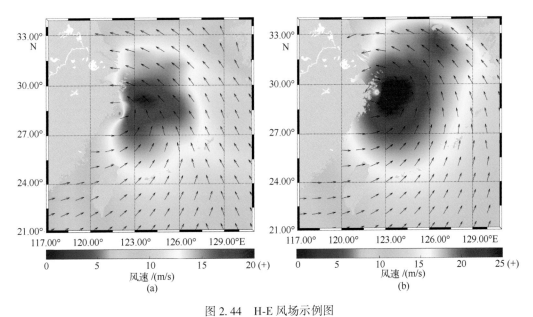

图 2.44　H-E 风场示例图

（a）2014 年 9 月 22 日 12 时 台风"凤凰"；（b）2015 年 7 月 11 日 06 时 台风"灿鸿"

　　图 2.45 显示了标号为 B10 至 B14 的锚定浮标的位置，并根据图中等深线可以发现舟山群岛周围的水深小于 100 m。

　　Holland 台风模型是由 Holland（1980）提出的台风经验模型，用于获得台风中的风场和压力分布。该模型主要基于最大风速半径和压力差，包含两个经验标度参数 A 和 B。模型表达如下：

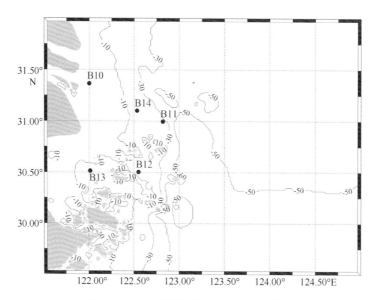

图 2.45　舟山群岛周围锚定浮标位置图

$$V_g = \left[\frac{AB(P_n - P_c)\, \mathrm{e}^{-\frac{A}{r^B}}}{\rho r^2} + \frac{r^2 f^2}{4} \right] - \frac{rf}{2} \qquad (2.21)$$

式中，V_g 为距离台风中心 r 处的海面风速；P_c 为台风中心气压；P_n 为周边压力，理论上是无限远处的压力（= 1 015 hPa）；e 为欧拉数；f 为随纬度变化的科氏力参数；ρ 为空气密度（= 1.15 kg/m³）。此外，Holland(1980)提出最大风速半径可由经验标度参数 A 和 B 定义：

$$A = r_{max}^B \qquad (2.22)$$

式中，A 为相对于台风中心点的位置；B 为无因次形状参数；r_{max} 为最大风速半径。为了满足各种海况，必须确定经验标度参数 B。

联合以上两式，风速可由台风中心位置、台风中心气压、最大风速以及无因次形状参数计算得出，风向可用 15°螺旋风向计算得出(Zec, Jones, 2000)。除此之外，利用 Holland 台风模型模拟的风场必须与气旋的运动速度 V_m 进行叠加，最后组合而成的台风风场即为本研究构建的 Holland 台风风场，方法如下：

$$\boldsymbol{V} = \boldsymbol{V}_g + \boldsymbol{V}_m \qquad (2.23)$$

根据前文所述，本节使用参数化 Holland 台风模型在 0.125°标准矩形网格下来模拟台风"凤凰"和"灿鸿"的风场。通过设置 4 个不同的形状参数 B，分别是 0.4、0.6、0.8、1.0，得到 4 个仿真结果，同时选取海面 10 m 处 ECMWF 再分析风场数据与 Holland 台风模型模拟风场之间的最大值，合成 H-E 风场，并与中国科学院海洋研究所提供的浮标风速测量值进行对比验证。

舟山群岛附近 5 个锚定浮标分别于 2014 年 9 月 19—30 日台风"凤凰"和 2015 年 7 月 8—16 日台风"灿鸿"活动期间，对风速和有效波高进行了有效的观测，共捕获 282 个风速测量值，最大风速可达到 25 m/s。图 2.46 为 H-E 台风模型的风场模拟结果与浮标的风速观测结果的对比图。对结果分析表明，在形状参数 $B = 0.4$ 时，风速存在 2.20 m/s 偏差和 3.04 m/s 的均方根误差，如图 2.46(a) 所示；当 $B=0.6$ 时，风速模拟结果偏差为 2.85 m/s，均方根误差为 4.30 m/s，如图 2.46(b) 所示；当 $B=0.8$ 和 1.0 时，如图 2.46(c) 和图 2.46(d)，H-E 台风模型风速模拟结果与浮标风速观测结果的偏差分别为 3.43 m/s 和 3.94 m/s，均方根误差分别为 5.51 m/s 和 6.58 m/s。从图中数据对比可以看出，4 组数据的差异主要存在于 H-E 风速大于 10 m/s 时，对比结果表明当形状参数 B 增大时，风速模拟结果误差随之增大。综合以上结论得出，H-E 风场的模拟结果误差随着 B 值增大而增大。

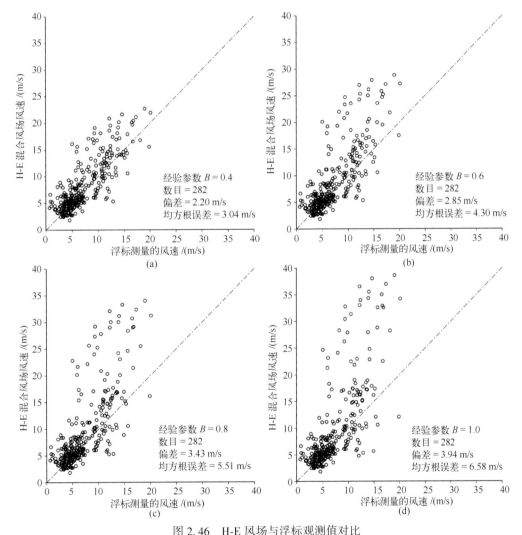

图 2.46　H-E 风场与浮标观测值对比

(a) 参数为 0.4；(b) 参数为 0.6；(c) 参数为 0.8；(d) 参数为 1.0

因此，当形状参数 $B=0.4$ 时，H-E 台风模型风速模拟结果最佳。因此，在整体研究中以 H-E 风场模型($B=0.4$)模拟台风"凤凰"和"灿鸿"的台风风场，并作为 WW3 海浪模式的驱动风场。

利用 WW3 模式对 2014 年 9 月台风"凤凰"和 2015 年 7 月台风"灿鸿"活动期间的海浪进行模拟。再以浮标捕获的有效波高结果与模式模拟结果进行数据匹配，其中在台风"凤凰"活动期间共观测到151次有效波高数据，在台风"灿鸿"活动期间共观测到96次有效波高数据。利用这些浮标观测数据验证WW3模式在7种不同输入和耗散源函数项下的模拟结果的精度。

图2.47(a)到图2.47(g)分别为WW3提供的7种输入和耗散源函数项：ST1、ST2、ST2+STAB2、ST3、ST3+STAB3、ST4、ST6的模拟值与浮标观测值的对比结果。表2.3和表2.4分别列出了台风"凤凰"和"灿鸿"活动期间的各个输入和耗散源函数项模拟结果与浮标观测数据对比的偏差和均方根误差。

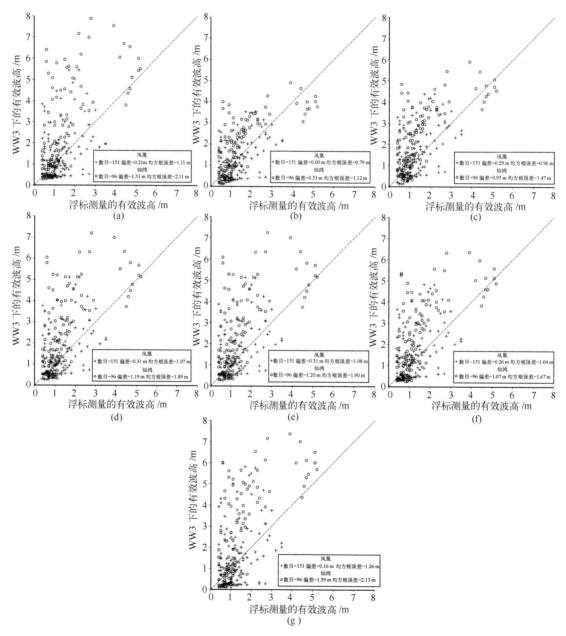

图2.47　7种不同源函数项的模拟值与浮标观测值对比

(a)ST1型；(b)ST2型；(c)ST2+STAB2型；(d)ST3型；(e)ST3+STAB3型；(f)ST4型；(g)ST6型

表 2.3　台风"凤凰"的波浪场模拟值与浮标实测值对比结果

统计指标	ST1	ST2	ST2+STAB2	ST3	ST3+ STAB3	ST4	ST6
偏差/m	0.21	0.00	0.29	0.31	0.31	0.26	0.16
均方根误差/m	1.11	0.79	0.96	1.07	1.08	1.04	1.26

表 2.4　台风"灿鸿"的波浪场模拟值与浮标实测值对比结果

统计指标	ST1	ST2	ST2+STAB2	ST3	ST3+ STAB3	ST4	ST6
偏差/m	1.31	0.53	0.95	1.19	1.20	1.07	1.39
均方根误差/m	2.11	1.12	1.47	1.89	1.90	1.67	2.13

从验证结果来看，ST2 源函数项是东海台风浪模拟的最佳选择。根据七个源函数项的特点进行分析得出：ST1 不适用于区域海浪模拟，因为该源函数项是在 WAM3 的基础上开发的，而 WAM3 适用于全球海浪模拟。ST2+STAB2 源函数项适用于深海波浪的生长规律模拟，这意味着在沿海海域，模拟结果的准确性会降低，并且会受到岛链的影响，例如舟山群岛有 1 000 多个岛屿，同时浅水海浪中该源函数项的应用会受到限制。ST3 对涌浪的变化很敏感，而涌浪的增长会减少波浪传播过程的能量耗散，尽管 STAB3 考虑了大风条件，但它不适合用于复杂水深地形中的海浪模拟。同样，在大风条件下，由于降低拖曳系数，ST4 灵敏度会降低，因此也不适用台风浪的计算。ST6 是根据湖泊实验的测量结果进行物理估计的源函数项，目前还不够完善，需要进一步的深入研究。

为了进一步研究 ST2 源函数项对 WW3 海浪模式精度影响，将模拟结果与单个浮标观测值进行了对比。图 2.48 展示了台风"凤凰"和"灿鸿"活动期间模式模拟值与浮标实测数据对比结果。两个台风的最大误差和最大均方根误差均出现在 B13 浮标位置，与浮标的观测结果相比，模拟的海浪值产生正偏差概率较大，但需要注意的是 B13 浮标的位置位于杭州湾与舟山群岛之间。

台风浪从外海传播至近岸过程中，必须穿过一系列的岛屿，由于地形的急剧变化，波浪的折射和衍射是不可避免的，这可能会使长波的能量降低 10% ~ 20%（Sun et al.，2006），并导致波浪破碎（Tolman，2003）。除此之外，台风期间的水深会因为风暴潮从而产生明显变化（Wang et al.，2017）。这些因素都会导致海浪模式对相关海域有效波高的模拟值偏高，与之前在加勒比海和墨西哥湾研究得出的结论不一致（Liu et al.，2017）。

图 2.49 显示了 2014 年 9 月 21 日 18 时至 2014 年 9 月 23 日 00 时台风"凤凰"期间以 6 h 为间隔的波浪场分布。在图 2.49(a)中可以看出，2014 年 9 月 21 日 18 时，4 m 以上的有效波高占据了大部分区域。随着台风移动，2014 年 9 月 23 日 00 时，有效波高最大值降至 3 m。图 2.50 显示了 2015 年 7 月 9 日 06 时至 7 月 14 日 06 时，期间以 1 天为间隔的台风"灿鸿"的波浪场。2015 年 7 月 9 日 06 时，台风"灿鸿"向东海移动并且有效波高已经增大到 6 m。2015 年 7 月 10 日 06 时，台风"灿鸿"抵达舟山群岛附近。其后，台风"灿鸿"继续向西北移动，但有效波高逐渐减小。

至 2015 年 7 月 14 日 06 时，有效波高已降至 1 m 以下。在这两次台风期间，由于波浪传播到舟山群岛后，岛屿后方的有效波高明显较小，因此当波浪在舟山群岛附近的浅水中传播时，有效波高明显降低，例如台风"灿鸿"期间有效波高最大变化幅度可达到 3 m。

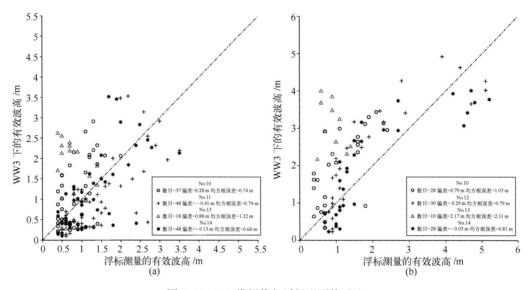

图 2.48　ST2 模拟值与浮标观测值对比

（a）台风"凤凰"期间；（b）台风"灿鸿"期间

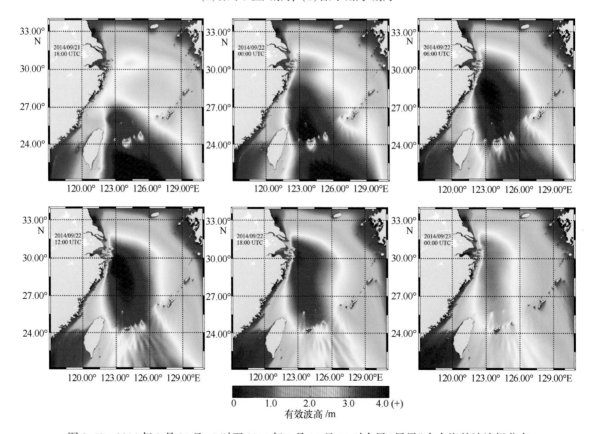

图 2.49　2014 年 9 月 21 日 18 时至 2014 年 9 月 23 日 00 时台风"凤凰"在东海的波浪场分布

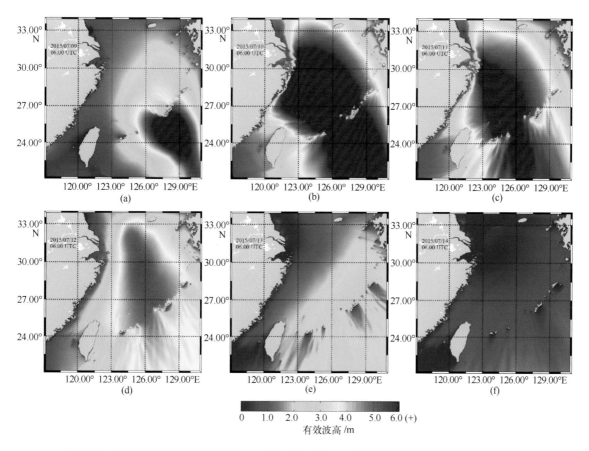

图 2.50   2015 年 7 月 9 日 06 时至 2015 年 7 月 14 日 06 时台风"灿鸿"在东海的波浪场分布

在本节中，提出了使用参数化 Holland 台风模型与 ECMWF 再分析风场选取最大值构建参数化 H-E 台风风场，利用 H-E 台风风场作为驱动风场，GEBCO 高精度地形数据作为底边界条件，运用 WW3 海浪模式提供的七种输入和耗散源函数项模拟东海台风"凤凰"（2014 年）和"灿鸿"（2015 年）期间的台风浪，并对模拟结果进行评估。评估结果显示 ST2 源函数项的模拟结果是七种输入与耗散源函数项中最佳的，并从理论上分析了产生这种结果的原因。为了进一步分析，选择 ST2 源函数项加入 WW3 模式对两个台风期间的海浪进行模拟，模拟结果与五个浮标观测值进行了逐一对比，发现 B13 浮标的误差最大，分析其原因是 B13 浮标的地理位置导致了模拟结果误差偏大。最后对台风浪的分布进行了简要的分析，并说明由于东海地区水深地形变化较大导致波浪的模拟存在一定的正偏差。

2.3   SWAN 台风浪数值模式

2.3.1   SWAN 模式介绍

考虑环境流场的 SWAN 模式的控制方程，表示如下：

$$\frac{\partial N}{\partial t} + \Delta \cdot [(C_g + V) N] + \frac{\partial C_\omega N}{\partial \omega} + \frac{\partial C_\theta N}{\partial \theta} = \frac{S_t}{\omega} \qquad (2.24)$$

式中，N 为海浪作用密度谱；t 为时间；ω 为波频率；θ 为波传播方向；C_ω 和 C_θ 是波在空间 ω 和 θ 上的传播速度；C_g 为群速度矢量；V 为海面流矢量；Δ 为哈密顿散度算子；S_t 包括输入和耗散源项：

$$S_t = S_{in} + S_{bot} + S_{nl} + S_{tq} + S_{db} \qquad (2.25)$$

式中，S_t 包括风致波函数的大气–海浪相互作用项生长因子 S_{in}；S_{bot} 为波浪–海底相互作用产生的摩擦力；S_{nl} 为非线性波相互作用项；S_{tq} 为波–波的三个波分量和四个波分量；S_{db} 是由于白冠覆盖和深度引起的海浪破碎产生的海浪衰减。SWAN 模式的手册中提供了这些项的更详细介绍。有关 SWAN 模式设置的详细信息见表 2.5。

表 2.5　模拟近岸海浪（SWAN）模型的设置

强迫场	频率	分辨率	公式	方向分辨率	传播方案	底部摩擦	其他设置
空间分辨率为 0.125°，时间分辨率为 6 h 的 H-E 风场；FVCOM 模拟的流速	介于 0.01~1 之间，间隔为 $\Delta f/f = 0.0903$	0.1°具有 30 min 时间分辨率的网格	Ou 等（2002）中的公式用于高风速情况	以 10° 间隔，范围为 0°~360°	基于非线性项和与风相结合的白冠覆盖	具有恒定摩擦系数	波–波互作用；三元波相互作用

2.3.2　SWAN 模式台风浪计算实例

在本节介绍中，利用 SWAN 模式和 FVCOM 模式进行耦合，将 SWAN 模式模拟的海浪参数作为 FVCOM 的初始场，对台风"凤凰"（2014 年）和"灿鸿"（2015 年）过程中海浪和海流进行模拟。通过前文的介绍可知，"凤凰"和"灿鸿"两个台风，分别于 2014 年 9 月 17—25 日和 2015 年 6 月 29 日至 7 月 12 日越过舟山群岛。图 2.51（a）所示为两个台风的轨迹，其中黑框区域为舟山群岛周围的水域。从图 2.51（b）可以看出水深从东海的 8 km 到海岸线的几十米不等。特别是杭州湾口有一系列岛屿，表明浮标所在位置为杭州湾与岛链之间的强潮流区域，台风引起的洋流和海平面的变化都发生在这个区域。这些因素为研究台风过程引起的海流变化对台风浪影响提供可能。

对于全球海浪分布分析，ECMWF 风场资料常用作 SWAN（Lv et al.，2014；Kamranzad et al.，2015）和 WW3 模式（Zheng et al.，2016；Zheng et al.，2018；Hu et al.，2020b）的驱动场。然而，在这项研究中，两个数值模型都使用 H-E 混合风场作为模式的强迫场。具体而言，通过浮标测量观测值拟合无因次形状参数，对 Holland 模型进行训练。Sheng 等（2019）研究表明，当无因次形状参数 $B = 0.4$ 时，均方根误差（RMSE）小于 3 m/s。此外，SWAN 模式海浪模拟中也加入海流作为强迫场（Hu et al.，2020a）。对于上述两个台风"凤凰"（2014 年）和"灿鸿"（2015 年），SWAN 模式模拟时间段分别为 2014 年 9 月 1 日至 10 月 1 日，2015 年 7 月 1 日至 8 月 1 日。模拟区域位于21°—35°N，120°—135°E。众所周知，暴雨是评估极端天气条件下海洋灾害风险的一个重要因素（Wang et al.，2020），极端降水会通过各种方式影响沿海的海浪模拟，例如海浪引起的辐射应力、波-流能量交换和海底应力。因此，以 H-E 风场为强迫风场，利用 FVCOM 模拟的海面流场和水位，将以上三种数据作为 SWAN 模式的驱动场。

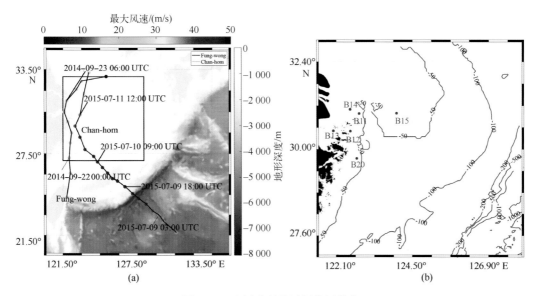

图 2.51　台风路径及浮标位置信息

（a）东海选定区域的水深图，其中红色和蓝色线分别代表台风"凤凰"（2014 年）和"灿鸿"（2015 年）的轨迹，彩色点代表台风的最大风速，黑色框内是中国舟山群岛周围的地理区域；（b）研究区域水深地形，其中黑点是可用锚定浮标的位置

　　在 SWAN 和 FVCOM 模式模拟中，采用了非结构化网格，如图 2.52 所示。为了确保 FVCOM 模拟结果的稳定性，FVCOM 模拟的海流时间段为 2014 年 7 月 1 日至 10 月 1 日和 2015 年 5 月 1 日至 8 月 1 日。

　　图 2.52 是本节研究所用的非结构化网格的一部分，具体范围为 20°—33°N，118°—135°E。非结构化网格由 22 870 个网格点和 44 059 个三角元组成，并且在舟山海域进行了局部加密，最小分辨率达到 0.01°，即 1 km 左右。在非结构化网格的开边界处，网格分辨率较为粗糙，最大为 0.78°，即 86 km 左右。模型驱动风场使用 H-E 风场，其作为一种混合风场，适用于台风天气，能够降低由于 ECMWF 风场对于台风过程中风速的低估作用。开边界潮汐数据使用的是全球潮汐模式 TPXO5，主要包括 M_2、S_2、K_2、N_2、O_1、K_1、Q_1 和 P_1 这八个分潮。该模型采用球坐标系，垂向使用地形跟踪坐标，将整个水层垂向分为 5 层，并采用了干湿网格方案。模型外模的时间间隔设置为 1 s，内模的时间间隔设置为 10 s。模拟的时间分别为 2014 年 9 月以及 2015 年 7 月。同时，模型对于舟山海域附近的海岸线做到了很好的拟合，能够对于舟山海域较为复杂的沿岸海流做较为精确的模拟。

　　为了验证 FVCOM 模拟的海表面流场精度，使用了 CFSv2 流场数据进行验证，该流场的分辨率约为 0.5°（约 50 km）（Hu et al.，2020a；Yuan et al.，2011）。图 2.53 为 CFSv2 在 2015 年 7 月

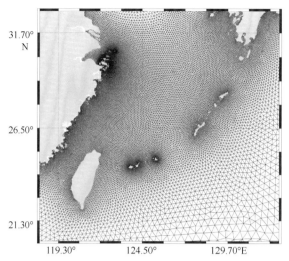

图 2.52　SWAN 和 FVCOM 模拟区域网格分布

11 日 06 时台风"灿鸿"期间的流场分布图，由于粗糙的空间分辨率，台湾东海岸的黑潮在图中不是很明显，但在舟山群岛周围可以看到具有螺旋结构的由强台风引起的表面海流以及在日本附近存在较为明显的黑潮。同时，对 FVCOM 模拟的两次台风期间的海水水位与 HYCOM 官网上发布的水位数据进行了比较。图 2.54 显示了 2014 年 9 月 22 日 12 时台风"凤凰"期间 HYCOM 的海表面水位图，可以观察到舟山群岛周边的较为明显的风暴潮。此外，图 2.53 可以明显观察到气旋的存在，这也可能是引起广东省东部近海上升流的一个指标（Zhuang et al.，2005）。此外通过 Jason-2 高度计数据来验证 SWAN 模式模拟的海浪有效波高。已有的研究表明，Jason-2 数据已被证明适用于验证 WW3（Chu et al.，20004）和 SWAN（Lin et al.，2019）模式模拟全球海域海浪的精度（Zhang et al.，2015）。图 2.55 显示了 2014 年 9 月 Jason-2 高度计在 SWAN 模拟区域内的卫星轨迹图，由于高度计数据分辨率较高，能在目标区域匹配到大量的点进行验证。

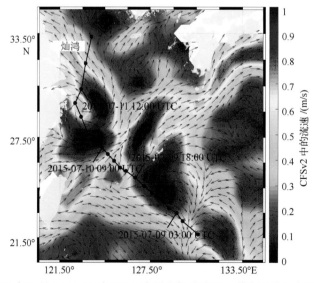

图 2.53　2015 年 7 月 11 日 06 时 CFSv2 表层流场流速图，其中黑线为台风"灿鸿"轨迹

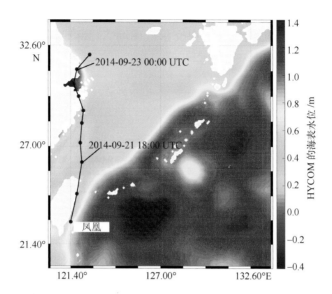

图 2.54 2014 年 9 月 22 日 12 时 HYCOM 的海表面水位图，黑线为台风"凤凰"轨迹

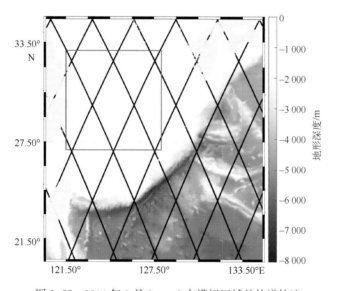

图 2.55 2014 年 9 月 Jason-2 在模拟区域的轨道轨迹

　　图 2.56 分别显示了台风"灿鸿"以及台风"凤凰"活动时期，FVCOM 模式模拟的海表面流场，图 2.56 所示的区域与图 2.55 中的红色方块区域相对应，图 2.56(a)为 2014 年 9 月 22 日 13 时（台风"凤凰"），图 2.56(b)是发生在 2015 年 7 月 11 日 06 时（台风"灿鸿"），此时刻两台风活动区域均位于舟山群岛海域（Sheng et al.，2019）。根据模型模拟结果可以看出，由于强风的影响，远离海岸的海表面流场速度达到了 1 m/s。在图 2.56(a)中远离长江口的区域，可以看出海表面流场呈现出与台风气旋相似的螺旋结构，这种相似的结构在图 2.56(b)中也可以较为明显地观察到，位于舟山群岛的南部海域，并且由于非结构网格精细的空间分辨率，可以看到在图 2.53 中在舟山南部海域处有着类似的螺旋结构，然而 CFSv2 的流场由于分辨率较粗，在细节上并没有

模型模拟的效果好。为了验证 FVCOM 模式中模拟流场的准确性，使用 CFSv2 海表面流场数据，对舟山群岛周围的三个典型区域对比分析，选择的区域如图 2.57 所示。区域 A 位于长江出海口上，此处有较强的流场，并且在图 2.57 中还选择了另外三个特殊点用于之后的 SWAN 模式模拟的海浪参数验证。在图 2.58 中显示了另外三个区域内流场的对比结果，其均方根误差均在 0.05 m/s，相关性都在 0.8 之上，通过研究还发现在流速较高时，FVCOM 模拟的流场总是高于 CFSv2，其值大约为大于 0.3 m/s，这一现象很有可能是由台风的高风速值引起的。这种现象表现是合理的，由于 FVCOM 所采用的强迫风场为 H-E 混合风场，而 H-E 风场相较于 ECMWF 风场而言，改善了 ECMEF 风场对于强风的低估作用（Wu et al.，2015；Stopa，Cheung，2014），图 2.56 中最大流速出现在长江口和潮汐滩涂，说明这些地区的潮流相对较强。本次模拟结果显示，在极端天气下 FVCOM 模式依旧能够很好地模拟海面的流场。

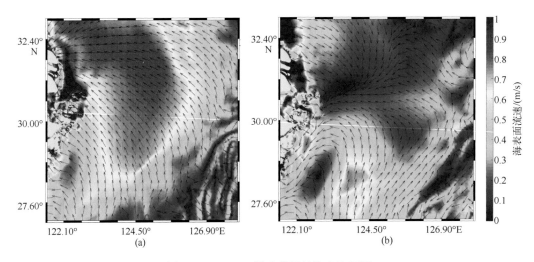

图 2.56　FVCOM 模式模拟的海表流场图

（a）2014 年 9 月 22 日 13 时；（b）2015 年 7 月 11 日 06 时

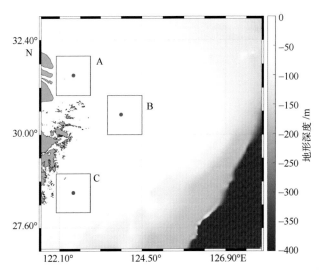

图 2.57　流场验证分析区域以及三个 SWAN 模式验证点位置

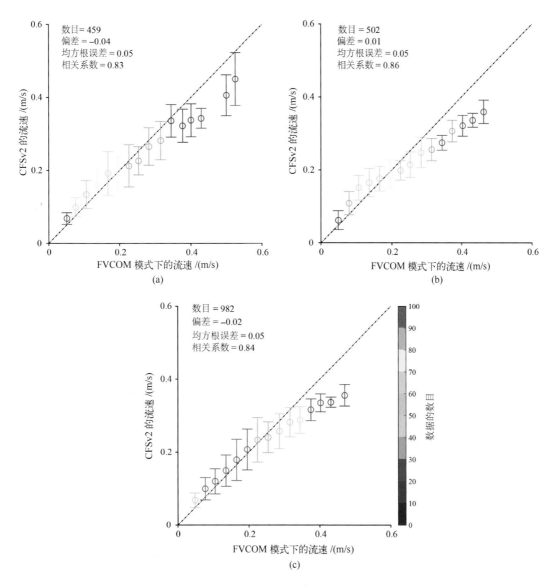

图 2.58　图 2.57 中三个 SWAN 模式验证点的 FVCOM 结果与 CFSv2 流场对比

(a)区域 A；(b)区域 B；(c)区域 C

　　图 2.59 显示了 FVCOM 在 2014 年 9 月 22 日 13 时[图 2.59(a)]以及 2015 年 7 月 11 日 06 时[图 2.59(b)]模拟的水位图。根据模拟结果显示，台风使舟山群岛周围海域的海平面上升。在图 2.59 中，红色框区域内的水位下降了约 0.2 m，呈现出螺旋结构，并且这一区域与台风"灿鸿"中心区域重合，这种情况可能由台风引起的 Ekman 抽送以及中尺度涡共同导致的结果，未来关于这一现象值得更加深入的研究。在图 2.60 中，使用 HYCOM 水位数据与 FVCOM 模拟的水位进行对比，结果如图所示，均方根误差(RMSE)在 0.13 m 左右，相关性(COR)在 0.86 左右，由此可以看出 FVCOM 模拟的水位在极端天气下，依然有着较好的模拟性能。

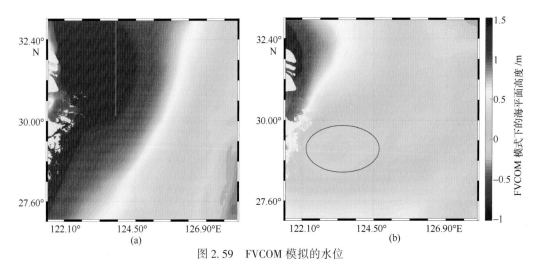

图 2.59　FVCOM 模拟的水位

（a）2014 年 9 月 22 日 13 时；（b）2015 年 7 月 11 日 06 时

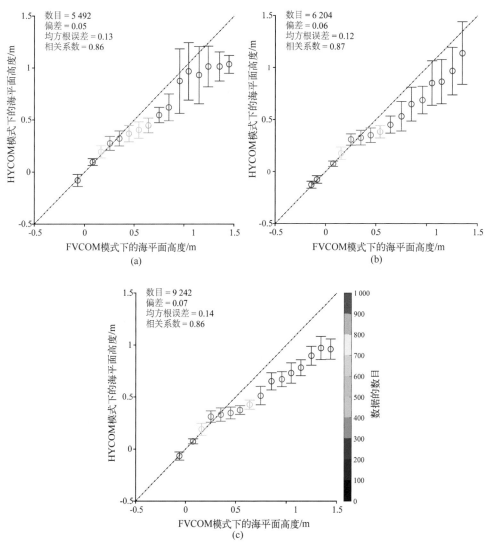

图 2.60　图 2.57 中三个 SWAN 模式验证点的 FVCOM 模拟水位与 HYCOM 水位数据对比图

（a）区域 A；（b）区域 B；（c）区域 C

为了对比在加水位和不加水位对模式结果的影响，图2.61是没有考虑加入水位时SWAN模拟的2014年9月22日14时的有效波高，从图中可以看出由台风"凤凰"引起的SWH最高达到了8 m，且峰值区域在舟山群岛右侧，并且在东海区域能看到明显的由台风引起的结构特征，与在沿海地区的有效波高差异明显，尤其是长江口以及舟山群岛附近的滩涂。由于SWAN模式中不加入水位与加水位差别比较小，两幅图很难看出具体的差异，因此取前者减去后者值比较，如图2.62所示，可以看到由于水位影响主要集中于沿海地区，有效波高差异达到了0.5 m。

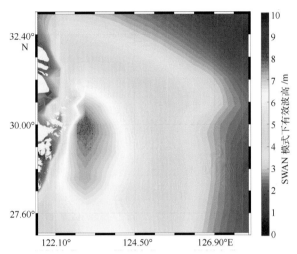

图2.61　2014年9月22日14时SWAN模拟有效波高图

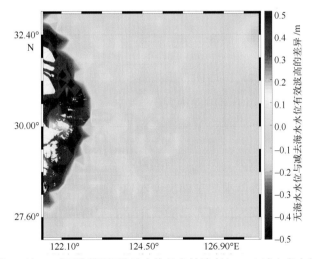

图2.62　2014年9月22日14时两种情况下［无水位的有效波高（SWH）减去有水位的有效波高（SWH）］
SWAN模式模拟结果的差异

为了验证SWAN模式海浪模拟的精度，将SWAN模式模拟的有效波高与浮标B14实测结果进行对比（图2.63）。此外，收集Jason-2高度计对应图2.55中所显示的红色框内区域内数据，将SWAN两种情况的模拟结果与Jason-2匹配，总共匹配到15 655组数据点，其结果如图2.64所示。图2.64（b）中加入水位数据的均方根误差（RMSE）为0.95 m，且相关性（COR）达到0.84；图2.64（a）中不加入水位数据的均方根误差（RMSE）为1.21 m，相关性（COR）为0.75。结果显示加入水位数据后，模拟效果更好。在图2.64(a)中可以看到当SWH>6 m时，模式模拟出来的效果，明显对于台风浪存在低估现象，而图2.64(b)(加入水位数据)明显提高了模式对于海浪模拟的性能，有效模拟出由强台风引起的波浪变化。而在SWH<2 m时，匹配到的数据占绝大多数，这是由于模拟时依然考虑了在平常海况下的有效波高，并且这种情况较为常见，加入水位数据的结果中，有效波高得到了有效调节。另外将SWAN模拟台风期间的有效波高与图2.51(b)中的六个浮标进行对比验证，对比结果见表2.6，并且注意由于浮标地理位置的限制，导致浮标ID:B11并没有捕获台风"灿鸿"期间的有效波高数据，总体来说，模拟结果与浮标观测值的RMSE<0.84 m，且COR>0.8。这些验证结果说明应在SWAN模式模拟有效波高时加入水位数据，可以使模拟结果更加接近实测数据。尤其是极端海洋动力过程中，可以看到在SWH>6 m时，模型结果与Jason-2高度计的误差明显减小，并且增加了SWAN模拟的有效波高值。

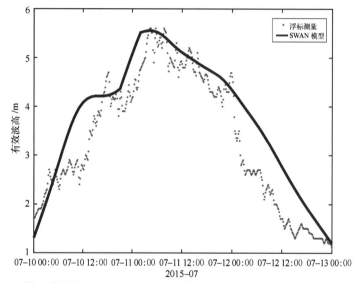

图2.63　SWAN模式模拟的2015年台风"灿鸿"期间的有效波高与浮标B14实测有效波高对比

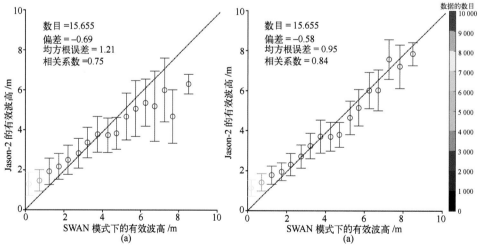

图2.64　SWAN模式模拟的有效波高与Jason-2高度计观测有效波高在0~9 m范围内的对比，

其中误差条表示每个单元的标准偏差

(a)不加入水位数据；(b)加入水位数据

表 2.6　SWAN 模式模拟结果和系泊浮标观测结果的比较

	ID：B11	ID：B12	ID：B13	ID：B14	ID：B15	ID：B20
均方根误差	0.84	0.64	0.79	0.84	0.88	0.75
协方差	0.92	0.93	0.84	0.94	0.85	0.94
偏差	0.44	0.19	0.75	0.19	−0.21	0.31

图 2.65 展示的是 2014 年 9 月 20—30 日 SWAN 模拟的平均有效波高；其中最大 SWH 为 5 m，此时台风"凤凰"能量已经被陆地所削弱，当台风经过岛屿时，台风引起的强浪似乎也被舟山群岛阻拦，尤其是在 9 月 23 日，岛屿的影响更加剧了台风能量损耗，使有效波高相对之前降低更为明显。

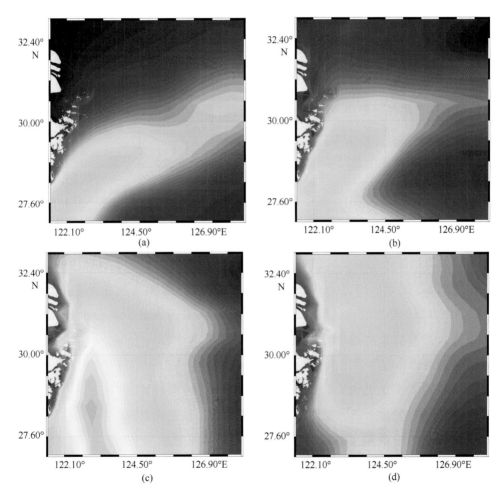

图 2.65　SWAN 模式模拟的台风"凤凰"通过舟山群岛期间日平均有效波高

(a)2014 年 9 月 20 日；(b)2014 年 9 月 21 日；(c)2014 年 9 月 23 日；(d)2014 年 9 月 25 日

除此之外，还对台风经过舟山群岛导致的海浪动态过程进行了研究。图 2.66 展示了 2014 年 9 月 20—24 日期间 SWAN 模拟的 SWH 的时间序列图像，对应图 2.57 中的红色标记点（A、B、

C），其中最大 SWH 达到 7 m。有效波高极值上，A 点相较于 B、C 点较小，而 B、C 两点的最大值几乎一样。C 点位于台风"灿鸿"刚接近时，此时台风未经过陆地，能量更高，强度更大，并且 C 点水位相较于 B 点水位较低，因此 B、C 两点最大值相似，而在 A 点时，台风强度已经明显被陆地削弱，导致其 SWH 最大值明显低于另外两点。

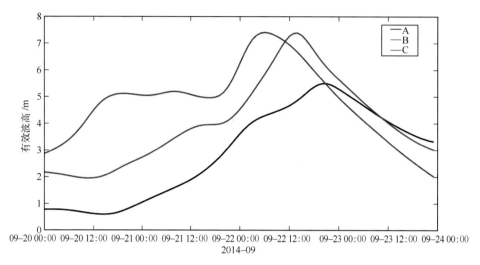

图 2.66　2014 年 9 月 20—24 日，SWAN 模式模拟的图 2.57 中 A、B、C 点的有效波高时间序列图

本节的主要目的是研究在舟山群岛附近的浅水区 SWAN 模式模拟波浪以及 FVCOM 模式模拟表面海流，这两个数值海洋模型模拟同一片区域并且共享一个非结构化网格。两者都是使用 H-E 混合风场作为模式的强迫风场，并且 FVCOM 模式在边界场中加入了 TPXO5 潮汐水位数据，在 SWAN 模拟有效波高时，耦合 FVCOM 输出的水位数据，对模拟结果进行修正。采用 SWAN 模式对下面两种情况的海浪进行了模拟：①驱动场包括风场和海流；②驱动场包括风场、海流和海平面。两者之间模式结果的差异（最多 0.5 m）与 FVCOM 模式模拟的结果表现一致（沿海地区，如长江口和舟山群岛周围的滩涂）。通过以上的结论支撑，在未来深入探究中，将进一步考虑沿海海洋环境对台风的反馈机制，例如 Ekman 输运和海表降温影响。

2.4　总结

海浪数值模拟的开发和应用对推动我国物理海洋学的发展有着积极的影响，对于极端海洋动力过程研究有着重要的作用。海洋占地球表面积的 71%，具有丰富的能源，同时对于地球的气候环境具有深远的影响。人们一直努力探索了解海洋，特别是 20 世纪以来，迎来了海洋研究的热潮。其中，海洋动力过程的进一步剖析，引起了国内外学者的广泛研究兴趣。台风是海-气相互作用下的重要产物。我国处于西北太平洋台风影响区，台风作为一种频繁出现在西太平洋（WP）的天气过程，同时也是影响海-气之间能量交换的重要媒介，它会引起一系列的次生灾害，同时也会对沿海地区经济发展如水产养殖、航运、金融等方面带来一定消极影响。

台风浪数值模拟是一种重要的气象和海洋科学应用方法，主要用于预测和模拟台风引起的海浪变化。它可以帮助我们更好地理解和预测台风的变化趋势，为海洋交通、渔业、海洋工程和沿海地区的安全防护提供科学依据。海浪数值模拟的基础是数理方程组，包括大气动力学方程和波动方程。通过数值计算的方法，将这些方程转化为计算机可以处理的形式，从而模拟台风引起的海浪场。在模型中，通常将区域划分为一个网格，通过计算每个网格点上的风速和波动的变化，来预测整个近海区域的海浪变化。

近海台风浪数值模拟对海洋交通安全和海洋工程设计具有重要意义。近海台风会引起强风和巨浪，对船只和近海结构物产生威胁。通过模拟预测台风引起的风浪场，可以提前采取相应的措施，确保船只和海洋工程的安全。例如，船只可以避开台风的路径，或者在最危险的时刻选择安全的避风港。海洋工程的设计也可以考虑台风引起的海浪加载，保证工程的结构安全可靠。此外，台风浪数值模拟对渔业和沿海地区的防护也有重要作用。台风对渔业生产和沿海地区的经济社会活动带来了很大的影响。通过模拟预测台风引起的海浪变化，可以提前预警和采取相应的应对措施，减少损失和风险。例如，渔船可以提前收网回港，沿海地区可以做好防洪、防风和疏散准备工作。然而，台风浪数值模拟也面临一些挑战。一方面，台风的路径和强度预测仍存在一定的不确定性，这会对模拟结果的准确性产生影响。另一方面，模拟过程涉及的物理和数学参数选择以及初始和边界条件的确定，都对模拟结果产生影响。因此，需要不断调整和优化模型，提高模拟的准确性和可靠性。

综上所述，台风浪数值模拟是一种重要的科学方法和工具，可以帮助我们更好地理解和预测台风引起的海浪变化。通过准确预测台风的路径和强度，模拟预测台风引起的风浪场，可以为海洋交通、渔业、海洋工程和沿海地区的安全防护提供科学依据。

1980 年，基于二维海浪谱理论研发了第三代海洋数值模型（WAM），此模型是在 WAMDIG 模型基础上进化而来。WW3 模式采用的是结构化网格，因此 WW3 模式不仅适用于局部地区的海浪模拟，同时也满足全球海浪模拟要求，对海浪有良好的模拟反演效果。除此之外，最新的 WW3 模式还提供了三个工具包。直到现在，WW3 模式已经广泛应用于海浪气候分析，并且该海浪模型已经得到了大量验证。SWAN 模式在之前实验表明其在近岸地区表现较好。与 SWAN 模式类似，FVCOM 使用非结构网格，这有利于解决复杂不规则几何区域的海洋动力学问题。FVCOM 可以利用改进的算法计算流体力学，以便更好地说明流动不连续性和大梯度的数值解的收敛性等相关问题。

本章通过一系列台风实例研究，结合海浪模式、潮流模式，从各个方面分析台风浪及台风变化规律，同时引入实测浮标数据和海洋卫星遥感数据，对模拟结果进行数据统计分析。对不同模式在不同海况下的适用性和准确性进行研究，为进一步探究、利用、认识、推动海洋数值模拟的发展和研究物理海洋学理论与实际的结合有着深刻的意义。

第 3 章 中国近海海上溢油灾害行为与归宿数值模拟

海上溢油是严重的海洋灾害，多发生于海上航运、港口码头和石油钻井平台。溢油一旦发生，危害极大，不仅会给海洋生态环境造成严重的破坏，同时也会给受灾沿海地区的社会经济发展、民众的身心健康及公共安全带来直接危害。

自 1993 年我国由石油出口国转变为石油进口国以来，能源消耗量逐年攀升。据海关统计，2006 年我国原油进口量达到 1.45×10^8 t，国内原油产量达到 1.85×10^8 t，对外依存度为 42.7%；2007 年原油进口量达到 1.6×10^8 t，同比增长 12.4%，国内原油产量达到 1.87×10^8 t，对外依存度超过了 46%。2009 年，我国已经成为世界第二大原油进口国，对外依存度超过了 50% 的警戒线，达到了 51.29%。直至 2017 年，中国原油进口量为 4.2×10^8 t，超过美国成为全球最大的原油进口国。这意味着，随着我国社会经济的快速发展，沿海水上运输和海洋石油开采等活动持续增强，大型、超大型油轮和大量的海洋石油平台发生溢油污染的概率也大大增加，我国步入海上溢油事故高发期，事故预防和应急处置任务日益艰巨。据统计，1974—2018 年中国近海 50 t 以上海上溢油事故共计 117 次，其中 50 t 及以上溢油事故 92 次，500 t 及以上溢油事故 24 次，3.14×10^4 t 及以上溢油事故 1 次（陈勤思等，2020）。2010 年 7 月 16 日，大连新港附近中石油一条输油管线起火，引燃附近某大型储油罐，造成大量原油外泄入海，外泄的原油影响了港口周围 100 km^2 的海域，其中 10 km^2 的海域出现重度污染。该事故为我国有史以来规模最大的海上溢油污染事故，对渤海海洋环境的破坏无法估量，给当地的水产养殖业、旅游业以及港口航运业造成了沉重打击。2018 年 1 月 6 日，巴拿马籍油船"桑吉"轮在东海因碰撞事故产生大量溢油，该轮经过剧烈燃烧后于距离事故水域位置东南约 151 n mile 处沉没，给东海造成了严重污染。

海上溢油事故发生后，油污将经历一系列复杂的物理、化学、生物过程不断地扩大自身污染范围。这其中不仅有风、浪、流等海洋环境要素的驱动，更有蒸发、乳化、溶解、沉降等风化过程的作用。综上所述，开展海上溢油应急关键技术研究尤其是溢油行为与归宿预测预警技术研究，为溢油事故应急响应、处置提供决策支持的技术平台，提升溢油应急响应能力和技术水平非常紧迫和必要，不仅关系到我国海洋环境安全，对我国经济和社会的稳定发展也会有一定影响。

在众多针对海洋灾害发生过程的研究方法中，数值模拟一直是有效的手段之一。数值模拟最大的优点就是能够克服来自现场观测的时间、空间限制，从而获取长期的模拟结果。随着科学技术的不断进步，计算机性能和数值模拟技术的飞速发展，数值预报的准确性和高效性得到了众多研究人员的认可，并已经在溢油预测预警等业务化海洋学领域成功应用并获得了较好的成效(李程，2014)。考虑到海面溢油的行为与归宿主要受海洋动力环境要素变化的影响，溢油预测预警的首要工作则是精准的海洋动力环境预报参数获取，因此，本章围绕中国近海海上溢油灾害行为与归宿数值模拟关键技术，概述海洋数值预报模型类型并重点介绍有限体积类海洋模型 FVCOM；重点介绍大气数值预报模型 WRF；重点介绍溢油数值模型包括溢油物理扩展模型、溢油漂移与扩散模型以及风化模型；概述溢油模型系统，重点介绍国家海洋信息中心自主研发的中国近海海上溢油一体化预测预警系统。

3.1 海洋数值预报模型

3.1.1 海洋数值模型类型概述

目前，国内外已开发了多种三维海洋数值模型，根据空间离散方法的不同，可将这些模型分为有限差分类、有限元类和有限体积类。

有限差分类模型发展较早，较为成熟，这一类模型通过有限差分将各控制方程中的导数用网格节点上的函数值的差商代替进行离散，从而建立以网格节点上的值为未知数的代数方程组，直接将微分问题变成代数问题的近似数值解法。这类模型计算速度快，应用广泛，其中具有代表性的有 POM(Mellor，1998)、ECOM(张越美等，2001)、ROMS(Moore et al.，2001)等。然而，这类模型也存在明显缺点，即对不规则区域的适应性较差，岸界弥合的能力明显不足。

与有限差分类模型不同，有限元类模型将计算域划分为有限多个互不重叠的单元，在每个单元内，选择一些合适的节点作为求解函数的插值点，将微分方程中的变量改写成由各变量或其导数的节点值与所选用的插值函数组成的线性表达式，借助于变分原理或加权余量法，生成有限元离散方程，最后结合边界条件和初始条件，求解由各个单元的离散方程组成的总体方程组的近似解。这类模型最大的优点是网格剖分灵活，能够精确拟合复杂岸线，进行局部网格加密，计算精度比有限差分类模型高，具有代表性的有 SHYFEM(Umgiesser，2014)。但这类模型计算所需存储量大，计算效率相对较低。

与有限元类模型类似，有限体积类模型的设计思路是将计算区域划分为一系列互不重叠的控制体，这些控制点均以网格点为中心，将待解的微分方程带入到每一个控制体积分得到离散方程，结合边界条件和初始条件求得数值解。由于这类模型在水平方向上采用了非结构化三角形网格，吸收有限差分和有限元类模型的优点，不仅可以对复杂的岸线精确地拟合，进行局部网格加密，还因为便于对原始方程组进行离散差分，因此在很大程度上确保了较高的计算效率，这类模型中具有代表性的有 FVCOM(Chen et al，2003；Zheng et al，2003)、SELFE(Zhang，Baptista，2008)等。有限体积类模型的诸多优点使其发展成为精细化海流预报的主要模型之一，目前已经广泛应用于溢油漂移与扩散预测中。

3.1.2　海洋数值预报模型 FVCOM

1) 模型简介

FVCOM(Finite Volume Coastal Ocean Model)是由 Chen 等(2003)开发的一种具有预测性、非结构化网格的有限体积、自由平面以及三维原始方程的综合性海洋数值模型(图3.1)。目前最新版本的 FVCOM 是完全耦合的冰-海洋-波-沉积物-生态系统,具有各种湍流混合参数化、广义地形跟踪坐标、数据同化方案和干/湿网格处理的选择,包括在静水或非静水近似下的堤坝和腹股沟结构等。FVCOM 通过计算不重叠水平三角的网格之间的通量,以积分形式求解笛卡儿或球面坐标上的控制方程。这种有限体积方法结合了有限元法的最佳几何灵活性以及有限差分方法的简单离散结构和计算效率。由于 FVCOM 的保守性,除了其灵活的网格拓扑和代码简单性外,该模型还非常适合在沿海海洋中的跨学科应用。

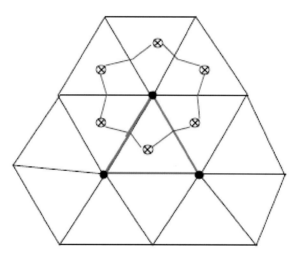

图 3.1　FVCOM 非结构化网格

在三角形网格设计上,和有限元法相似,计算区域划分成一些不重合的三角形单元。每个三角形网格由三个节点、一个中心和三条边组成。用 N 和 M 来分别表示计算区域内三角形中心和节点的总数目,那么三角形中心的坐标可表示为

$$[X(i), Y(i)]，i = 1：N \tag{3.1}$$

同样,节点的坐标可以表示为

$$[X_n(j), Y_n(j)]，j = 1：M \tag{3.2}$$

由于三角形网格互不重合,因此 N 同时也是三角形网格的数目。在每个三角形网格中,三角形的三个节点可以用整数 $N_i(\hat{j})$ 来表示,其中 $\hat{j}$ 的值按顺时针方向从 1 到 3。具有共用边的相邻的三角形用整数 $NBE_i(\hat{j})$ 标号,其中 $\hat{j}$ 按顺时针从 1 到 3 记数。在开边界和海岸固边界处,$NBE_i(\hat{j})$ 取为 0。在每个节点上,与之相邻的三角形个数计为 $NT(j)$,并用整数 $NB_i(m)$ 来标号每

个三角形，其中 m 顺时针标号从 1 到 $NT(j)$。

为了给出海表面水位、流速和温度盐度的更精确的计算，数值计算是在特殊设计的三角形网格上进行的，其中 ζ，H，D，ω，S，θ，ρ，q^2，q^2l，K_M，K_H，A_M 及 A_H 放在三角形节点上，u，v 放在中心上。节点上的变量的计算通过与该点相连的三角形中心和边的中心的连线的净通量进行，中心上的变量通过该三角形三边的净通量来计算。

2）模型控制方程

FVCOM 控制方程组由动量方程、连续方程、温度方程、盐度方程和密度方程组成。

考虑右手笛卡儿坐标系，东向为 x 轴正方向，北向为 y 轴正方向，垂直向上为 z 轴正方向。自由海面位于 $z=\eta(x, y, t)$，底地形为 $z=-H(x, y)$。$\boldsymbol{V}$ 是水平速度矢量，$\boldsymbol{V}=(U, V)$，∇ 是水平梯度算子，则连续方程可写作

$$\frac{\partial U}{\partial x} + \frac{\partial V}{\partial y} + \frac{\partial W}{\partial z} = 0 \tag{3.3}$$

动量方程：

$$\frac{\partial U}{\partial t} + \boldsymbol{V} \cdot \nabla U + W \frac{\partial U}{\partial z} - fV = -\frac{1}{\rho_0}\frac{\partial P}{\partial x} + \frac{\partial}{\partial z}\left(K_M \frac{\partial U}{\partial z}\right) + F_X \tag{3.4}$$

$$\frac{\partial V}{\partial t} + \boldsymbol{V} \cdot \nabla V + W \frac{\partial V}{\partial z} + fU = -\frac{1}{\rho_0}\frac{\partial P}{\partial y} + \frac{\partial}{\partial z}\left(K_M \frac{\partial v}{\partial z}\right) + F_Y \tag{3.5}$$

垂直静力平衡方程：

$$\rho g = -\frac{\partial P}{\partial z} \tag{3.6}$$

温盐的守恒方程：

$$\frac{\partial \theta}{\partial t} + \boldsymbol{V} \cdot \nabla \theta + W \frac{\partial \theta}{\partial z} = \frac{\partial}{\partial z}\left[K_H \frac{\partial \theta}{\partial z}\right] + F_\theta \tag{3.7}$$

$$\frac{\partial s}{\partial t} + \boldsymbol{V} \cdot \nabla s + W \frac{\partial s}{\partial z} = \frac{\partial}{\partial z}\left[K_H \frac{\partial s}{\partial z}\right] + F_S \tag{3.8}$$

海水的状态方程：

$$\rho_0 = \rho(\theta, S, P) \tag{3.9}$$

式中，ρ_0 为海水参考密度；ρ 为海水的现场密度；g 为重力加速度；P 为压力；K_M 为垂向湍黏性系数；f 为科氏参数；应用 β 平面近似；θ 为位温；S 为盐度；K_H 为垂向湍扩散系数。K_M、K_H 由 2.5 阶湍封闭模型计算获得。深度 z 处的压力 $P(x, y, z, t)$ 可以通过积分方程获得：

$$P(x, y, z, t) = P_{atm} + g\rho_0\eta + g\int_z^0 \rho(x, y, z', t)\mathrm{d}z' \tag{3.10}$$

这里，g 为重力加速度；假定海表大气压力 P_{atm} 为常数。

式（3.4），式（3.5），式（3.7）和式（3.8）中的项 F_X，F_Y，F_θ，F_s 可表示为

$$F_X = \frac{\partial}{\partial x}\left[2A_M \frac{\partial U}{\partial x}\right] + \frac{\partial}{\partial y}\left[A_M\left(\frac{\partial U}{\partial y} + \frac{\partial V}{\partial x}\right)\right] \tag{3.11a}$$

$$F_Y = \frac{\partial}{\partial y}\left[2A_M \frac{\partial V}{\partial y}\right] + \frac{\partial}{\partial x}\left[A_M\left(\frac{\partial U}{\partial y} + \frac{\partial V}{\partial x}\right)\right] \tag{3.11b}$$

$$F_{\theta,s} = \frac{\partial}{\partial x}\left[A_H \frac{\partial(\theta,s)}{\partial x}\right] + \frac{\partial}{\partial y}\left[A_H\left(\frac{\partial(\theta,s)}{\partial y}\right)\right] \tag{3.12}$$

值得注意的是，F_X 和 F_Y 是坐标旋转不变量。这里，A_M 为水平湍黏性系数，在该模型里用如下公式计算：

$$A_M = \alpha \Delta x \Delta y \left[\left(\frac{\partial U}{\partial x}\right)^2 + \left(\frac{\partial V}{\partial y}\right)^2 + \frac{1}{2}\left(\frac{\partial U}{\partial y} + \frac{\partial V}{\partial x}\right)^2\right]^{\frac{1}{2}} \tag{3.13}$$

参数 α 根据需要可取范围为 0.01~0.5，一般取为 0.10。利用 Prandtl 数，可以由 A_M 获得水平湍扩散系数 A_H 的值。

在式(3.4)，式(3.5)，式(3.8)和式(3.9)中的垂向湍黏性系数 K_M 和垂向湍扩散系数 K_H 通过 2.5 阶湍封闭模型来确定，这样就在一定程度上克服了湍黏性系数人为选取对物理场模拟造成的影响。

该模型描述了湍动能 $\frac{q^2}{2}$ 和湍宏观尺度 l 两个物理量，方程为

$$\frac{\partial q^2}{\partial t} + \boldsymbol{V} \cdot \nabla q^2 + W\frac{\partial q^2}{\partial z} = \frac{\partial}{\partial z}\left(K_q \frac{\partial q^2}{\partial z}\right) + 2(p_s + p_b - \varepsilon) + F_q \tag{3.14}$$

$$\frac{\partial(q^2 l)}{\partial t} + \boldsymbol{V} \cdot \nabla(q^2 l) + W\frac{\partial(q^2 l)}{\partial z} = \frac{\partial}{\partial z}\left[K_q \frac{\partial(q^2 l)}{\partial z}\right] + lE_1\left(p_s + p_b - \frac{\tilde{\omega}}{E_1}\varepsilon\right) + F_1 \tag{3.15}$$

式中，F_q 和 F_1 分别为湍动能和湍宏观尺度的水平扩散项，其形式类似于式(3.14)中温盐扩散项的形式。其中，$p_s = K_M\left[\left(\frac{\partial U}{\partial z}\right)^2 + \left(\frac{\partial V}{\partial z}\right)^2\right]$ 为由剪切力导致的湍动能项；$p_b = \frac{g}{\rho_0}K_H \frac{\partial \rho}{\partial z}$ 为浮力导致的湍动能项；$\varepsilon = \frac{q^3}{B_1 l}$ 为湍动能耗散率；$\tilde{\omega} = 1 + E_2\left(\frac{l}{\kappa L}\right)^2$ 为面壁近似函数，$\tilde{\omega}$ 表达式中 $\kappa = 0.4$ 为 Von Karman 常数。

$$(L)^{-1} = (\eta - z)^{-1} + (H + z)^{-1} \tag{3.16}$$

近表面处，$L \approx \frac{l}{K}$，因此 $\tilde{\omega} = 1 + E_2$；远表面处，$l \ll L$，因此 $\tilde{\omega} = 1$。K_M，K_H 和 K_q 分别由下列公式确定：

$$K_M = lq S_M \tag{3.17a}$$

$$K_H = lq S_H \tag{3.17b}$$

$$K_q = lq S_q \tag{3.17c}$$

式中，$S_q = 0.20$；S_M，S_H 为稳定函数，可表示为

$$S_M = \frac{B_1^{-\frac{1}{3}} - 3A_1 A_2 G_H\left[(B_2 - 3A_2)\left(1 - \frac{6A_1}{B_1}\right) - 3C_1(B_2 + 6A_1)\right]}{[1 - 3A_2 G_H(6A_1 + B_2)](1 - 9A_1 A_2 G_H)} \tag{3.18}$$

$$S_{\mathrm{H}} = \frac{A_2\left(1 - \dfrac{6A_1}{B_2}\right)}{1 - 3A_2 G_{\mathrm{H}}(6A_1 + B_2)} \tag{3.19}$$

式中，$G_{\mathrm{H}} = -\left(\dfrac{Nl}{q}\right)^2$ 是 Richardson 数，$N = \left(-\dfrac{g}{\rho_0}\dfrac{\partial \rho}{\partial z}\right)^{\frac{1}{2}}$ 为 Brunt-Vaisala 频率；A_1、A_2、B_1、B_2、C_1、E_1、E_2 为经验常数，其值分别为 $(A_1$、A_2、B_1、B_2、C_1、E_1、$E_2) = (0.92,\ 0.74,\ 16.6,\ 10.1,\ 0.08,\ 1.8,\ 1.33)$。

在稳定层结流体中，湍宏观尺度 l 还应满足下式：

$$l \leqslant \frac{0.53q}{N} \tag{3.20}$$

3) 模型边界条件

给出合适的初始条件和边界条件，才能使上述控制方程闭合。

(1) 海面边界条件：

在自由海表 $z = \eta(x,\ y,\ t)$ 处：

$$\rho_0 K_{\mathrm{M}}\left(\frac{\partial U}{\partial z},\ \frac{\partial V}{\partial z}\right) = (\tau_{ox},\ \tau_{oy}) \tag{3.21a}$$

$$\rho_0 K_{\mathrm{H}}\left(\frac{\partial \theta}{\partial z},\ \frac{\partial S}{\partial z}\right) = (\dot{H},\ \dot{S}) \tag{3.21b}$$

$$q^2 = B_1^{\frac{2}{3}} u_{\tau s}^2 \tag{3.21c}$$

$$q^2 l = 0 \tag{3.21d}$$

$$W = U\frac{\partial \eta}{\partial x} + V\frac{\partial \eta}{\partial y} + \frac{\partial \eta}{\partial t} \tag{3.21e}$$

这里，$(\tau_{ox},\ \tau_{oy})$ 为海表风应力矢量，大小为 $u_{\tau s}$，由下式计算：

$$(\tau_{ox},\ \tau_{oy}) = \rho_0 \rho_a C_{\mathrm{D}} \sqrt{W_x^2 + W_y^2}\ (W_x,\ W_y) \tag{3.22}$$

式中，ρ_a 为空气密度；C_{D} 为风拖曳系数，对于风速值小于 25 m/s 的采用如下公式确定：

$$C_{\mathrm{D}} = \begin{cases} 1.2 \times 10^{-3}, & |W| < 11\ \mathrm{m/s} \\ (0.49 + 0.065|W|) \times 10^{-3}, & 11\ \mathrm{m/s} \leqslant |W| < 25\ \mathrm{m/s} \\ 2.115 \times 10^{-3}, & |W| \geqslant 25\ \mathrm{m/s} \end{cases} \tag{3.23}$$

式中，$|W|$ 为风速矢量和；$\dot{H}$ 为海面净热通量，包含太阳辐射、长波辐射、感热和潜热四部分；$\dot{S} = S(0)[\dot{E} - \dot{p}]/\rho_0$ 为虚拟盐通量；$(\dot{E} - \dot{p})$ 为海表蒸发/降水的淡水通量；$S(0)$ 为海表盐度。

(2) 海底边界条件：

在海底处，$z = -H(x,\ y)$：

$$\rho_0 K_{\mathrm{M}}\left(\frac{\partial U}{\partial z},\ \frac{\partial V}{\partial z}\right) = (\tau_{bx},\ \tau_{by}) \tag{3.24a}$$

$$\frac{\partial \theta}{\partial z} = \frac{\partial S}{\partial z} = 0 \tag{3.24b}$$

$$q^2 = B_1^{\frac{2}{3}} u_{\tau b}^2 \tag{3.24c}$$

$$q^2 l = 0 \tag{3.24d}$$

$$W_b = - U_b \frac{\partial H}{\partial x} - V_b \frac{\partial H}{\partial y} \tag{3.24e}$$

式中，$H(x, y)$为底地形；(τ_{bx}, τ_{by})为海底底摩擦应力矢量，大小为$u_{\tau b}$，模型中由下式计算：

$$(\tau_{bx}, \tau_{by}) = \rho_0 C_Z |V_b| V_b = \rho_0 C_Z \sqrt{U^2 + V^2} (U, V) \tag{3.25}$$

式中，$C_Z = \mathrm{MAX}\left[\frac{\kappa^2}{[\ln(z/z_0)]^2}, 0.0025\right]$为底摩擦系数；$\kappa = 0.4$ 为 Von Karman 常数；z_0 为海底粗糙度参数。

（3）固体侧边界条件：

在研究区域的固体侧边处，一般假定垂直于固体海岸的法向速度为零，即 $U \cdot n = 0$。

另外，假定海水与固体边界之间没有热量和盐量的交换，即：$\frac{\partial \theta}{\partial n} = \frac{\partial s}{\partial n} = 0$。

（4）开边界条件：

在海域的开边界上，海面水位的边界条件由边界处主要分潮的调和常数通过下式计算得到：

$$\eta = E_{\mathrm{mean}} + \sum_{i=1}^{6} a_i \cos(w_i t - \varphi_i) \tag{3.26}$$

式中，a_i是第 i 个分潮的振幅；w_i 是第 i 个分潮的频率；φ_i 是第 i 个分潮的迟角；E_{mean}是该点相对于平均海平面的余水位。

另外，流速开边界采用辐射条件或无梯度边界条件给定，温度和盐度的开边界条件采用无梯度边界条件或者出流区辐射、入流区迎风对流格式。

4）垂直坐标变换

为了更好地拟合底地形，模型在垂向采用 σ 坐标变换，

即
$$x^* = x, \quad y^* = y, \quad \sigma = \frac{z - \eta}{H + \eta}, \quad t^* = t \tag{3.27}$$

$H(x, y)$表示底地形；$\eta(x, y)$表示海表起伏，在$z=\eta$处，$\sigma=0$；在$z=-H$处，$\sigma=-1$。

设 $D=H+\eta$，新旧坐标变换为

$$\frac{\partial G}{\partial x} = \frac{\partial G}{\partial x^*} - \frac{\partial G}{\partial \sigma}\left(\frac{\sigma}{D}\frac{\partial D}{\partial x^*} + \frac{1}{D}\frac{\partial \eta}{\partial x^*}\right) \tag{3.28}$$

$$\frac{\partial G}{\partial y} = \frac{\partial G}{\partial y^*} - \frac{\partial G}{\partial \sigma}\left(\frac{\sigma}{D}\frac{\partial D}{\partial y^*} + \frac{1}{D}\frac{\partial \eta}{\partial y^*}\right) \tag{3.29}$$

$$\frac{\partial G}{\partial z} = \frac{1}{D}\frac{\partial G}{\partial \sigma} \tag{3.30}$$

$$\frac{\partial G}{\partial t} = \frac{\partial G}{\partial t^*} - \frac{\partial G}{\partial \sigma}\left(\frac{\sigma}{D}\frac{\partial D}{\partial t^*} + \frac{1}{D}\frac{\partial \eta}{\partial t^*}\right) \tag{3.31}$$

$$w = W - U\left(\sigma\frac{\partial D}{\partial x^*} + \frac{\partial \eta}{\partial y^*}\right) - V\left(\sigma\frac{\partial D}{\partial y^*} + \frac{\partial \eta}{\partial x^*}\right) - \left(\sigma\frac{\partial D}{\partial t^*} + \frac{\partial \eta}{\partial t^*}\right) \tag{3.32}$$

所以，可得出

$$w(x^*, y^*, 0, t^*) = 0 \tag{3.33}$$

$$w(x^*, y^*, -1, t^*) = 0 \tag{3.34}$$

此外，对任一变量 G 若从海底积分至海面则可表示为

$$\overline{G} = \int_{-1}^{0} G \mathrm{d}\sigma \tag{3.35}$$

因而，式(3.28)至式(3.34)可以转换为(为方便表示，省略星号)：

$$\frac{\partial \eta}{\partial t} + \frac{\partial UD}{\partial x} + \frac{\partial VD}{\partial y} + \frac{\partial \omega}{\partial \sigma} = 0 \tag{3.36}$$

$$\frac{\partial UD}{\partial t} + \frac{\partial U^2 D}{\partial x} + \frac{\partial UVD}{\partial y} + \frac{\partial U\omega}{\partial \sigma} - fVD + gD\frac{\partial \eta}{\partial x}$$

$$= \frac{\partial}{\partial \sigma}\left(\frac{K_M}{D}\frac{\partial U}{\partial \sigma}\right) - \frac{gD^2}{\rho_0}\frac{\partial}{\partial x}\int_{\sigma}^{0}\rho\mathrm{d}\sigma + \frac{gD}{\rho_0}\frac{\partial D}{\partial x}\int_{\sigma}^{0}\sigma\frac{\partial \rho}{\partial \sigma}\mathrm{d}\sigma + F_X \tag{3.37}$$

$$\frac{\partial VD}{\partial t} + \frac{\partial UVD}{\partial x} + \frac{\partial V^2 D}{\partial y} + \frac{\partial V\omega}{\partial \sigma} + fUD + gD\frac{\partial \eta}{\partial y}$$

$$= \frac{\partial}{\partial \sigma}\left(\frac{K_M}{D}\frac{\partial V}{\partial \sigma}\right) - \frac{gD^2}{\rho_0}\frac{\partial}{\partial y}\int_{\sigma}^{0}\rho\mathrm{d}\sigma + \frac{gD}{\rho_0}\frac{\partial D}{\partial y}\int_{\sigma}^{0}\sigma\frac{\partial \rho}{\partial \sigma}\mathrm{d}\sigma + F_Y \tag{3.38}$$

$$\frac{\partial \theta D}{\partial t} + \frac{\partial \theta UD}{\partial x} + \frac{\partial \theta VD}{\partial y} + \frac{\partial \theta \omega}{\partial \sigma} = \frac{\partial}{\partial \sigma}\left(\frac{K_H}{D}\frac{\partial \theta}{\partial \sigma}\right) + F_\theta \tag{3.39}$$

$$\frac{\partial SD}{\partial t} + \frac{\partial SUD}{\partial x} + \frac{\partial SVD}{\partial y} + \frac{\partial S\omega}{\partial \sigma} = \frac{\partial}{\partial \sigma}\left(\frac{K_H}{D}\frac{\partial S}{\partial \sigma}\right) + F_S \tag{3.40}$$

$$\frac{\partial q^2 D}{\partial t} + \frac{\partial Uq^2 D}{\partial x} + \frac{\partial Vq^2 D}{\partial y} + \frac{\partial \omega q^2}{\partial \sigma}$$

$$= \frac{\partial}{\partial \sigma}\left(\frac{K_q}{D}\frac{\partial q^2}{\partial \sigma}\right) + \frac{2K_M}{D}\left[\left(\frac{\partial U}{\partial \sigma}\right)^2 + \left(\frac{\partial V}{\partial \sigma}\right)^2\right] + \frac{2g}{\rho_0}K_H\frac{\partial \rho}{\partial \sigma} - 2\frac{Dq^3}{B_1 l} + F_q \tag{3.41}$$

$$\frac{\partial q^2 lD}{\partial t} + \frac{\partial Uq^2 lD}{\partial x} + \frac{\partial Vq^2 lD}{\partial y} + \frac{\partial \omega q^2 l}{\partial \sigma}$$

$$= \frac{\partial}{\partial \sigma}\left(\frac{K_q}{D}\frac{\partial q^2 l}{\partial \sigma}\right) + E_1 l\left\{\frac{K_M}{D}\left[\left(\frac{\partial U}{\partial \sigma}\right)^2 + \left(\frac{\partial V}{\partial \sigma}\right)^2\right] + \frac{qD^3}{\rho_0}K_H\frac{\partial \rho}{\partial \sigma}\right\} - \frac{Dq^3}{B_1}\overline{W} + DF_l \tag{3.42}$$

式中，ω 为坐标变换后产生的一个垂直于 Sigma 层的垂向速度。

$$F_X = \frac{\partial D\hat{\tau}_{xx}}{\partial x} + \frac{\partial}{\partial y}(D\hat{\tau}_{yx}) \tag{3.43}$$

$$F_Y = \frac{\partial D\hat{\tau}_{yy}}{\partial y} + \frac{\partial}{\partial x}(D\hat{\tau}_{xy}) \tag{3.44}$$

$$\hat{\tau}_{xx} = 2A_M \left[\frac{\partial U}{\partial x} \right] \tag{3.45}$$

$$\hat{\tau}_{xy} = \hat{\tau}_{yx} = A_M \left[\frac{\partial U}{\partial y} + \frac{\partial V}{\partial x} \right] \tag{3.46}$$

$$\hat{\tau}_{yy} = 2A_M \left[\frac{\partial V}{\partial y} \right] \tag{3.47}$$

$$F_{\theta i} = \frac{\partial D\hat{q}_x}{\partial x} + \frac{\partial D\hat{q}_y}{\partial y} \tag{3.48}$$

$$\hat{q}_x = A_H \left[\frac{\partial \theta_i}{\partial x} \right] \tag{3.49}$$

$$\hat{q}_y = A_H \left[\frac{\partial \theta_i}{\partial y} \right] \tag{3.50}$$

式中，θ_i 分别代表 θ，S，q^2，$q^2 l$。

5) 内外模分离算法

模型采用了内外模态交替计算的方法。外模态是二维的，计算水位和垂向平均速度，时间步长较短；内模态是三维的，计算流速、温盐和湍动能等物理量，计算时间步长较长。

外模计算的方程可以将式(3.36)、式(3.37)和式(3.38)从海底至海表垂向积分获得：

$$\frac{\partial \eta}{\partial t} + \frac{\partial \bar{U}D}{\partial x} + \frac{\partial \bar{V}D}{\partial y} = 0 \tag{3.51}$$

$$\frac{\partial \bar{U}D}{\partial t} + \frac{\partial \bar{U}^2 D}{\partial x} + \frac{\partial \overline{UV}D}{\partial y} - f\bar{V}D + gD\frac{\partial \eta}{\partial x} - D\bar{F}_X$$

$$= -\overline{WU}(0) + \overline{WU}(-1) - \frac{\partial \overline{DU'^2}}{\partial x} - \frac{\partial \overline{DU'V'}}{\partial y} -$$

$$\frac{gD^2}{\rho_0}\frac{\partial}{\partial x}\int_{-1}^{0}\int_{\sigma}^{0}\rho\,\mathrm{d}\sigma'\mathrm{d}\sigma + \frac{gD}{\rho_0}\frac{\partial D}{\partial x}\int_{-1}^{0}\int_{\sigma}^{0}\sigma'\frac{\partial \rho}{\partial \sigma}\mathrm{d}\sigma'\mathrm{d}\sigma \tag{3.52}$$

$$\frac{\partial \bar{V}D}{\partial t} + \frac{\partial \overline{UV}D}{\partial x} + \frac{\partial \bar{V}^2 D}{\partial y} + f\bar{U}D + gD\frac{\partial \eta}{\partial y} - D\bar{F}_Y$$

$$= -\overline{WV}(0) + \overline{WV}(-1) - \frac{\partial \overline{DU'V'}}{\partial x} - \frac{\partial \overline{DV'^2}}{\partial y} -$$

$$\frac{gD^2}{\rho_0}\frac{\partial}{\partial y}\int_{-1}^{0}\int_{\sigma}^{0}\rho\,\mathrm{d}\sigma'\mathrm{d}\sigma + \frac{gD}{\rho_0}\frac{\partial D}{\partial y}\int_{-1}^{0}\int_{\sigma}^{0}\sigma'\frac{\partial \rho}{\partial \sigma}\mathrm{d}\sigma'\mathrm{d}\sigma \tag{3.53}$$

式中，
$$(\bar{U},\ \bar{V}) = \int_{-1}^{0}(U,\ V)\,\mathrm{d}\sigma \tag{3.54}$$

$$(\overline{U'^2},\ \overline{V'^2},\ \overline{U'V'}) = \int_{-1}^{0} (U'^2,\ V'^2,\ U'V')\,\mathrm{d}\sigma \tag{3.55}$$

$$(U',\ V') = (U - \overline{U},\ V - \overline{V}) \tag{3.56}$$

$$D\,\overline{F_X} = \frac{\partial}{\partial x}\left(2A_M \frac{\partial \overline{U}D}{\partial y}\right) + \frac{\partial}{\partial y}A_M\left(\frac{\partial \overline{U}D}{\partial y} + \frac{\partial \overline{V}D}{\partial x}\right) \tag{3.57}$$

$$D\,\overline{F_Y} = \frac{\partial}{\partial y}\left(2A_M \frac{\partial \overline{V}D}{\partial y}\right) + \frac{\partial}{\partial x}A_M\left(\frac{\partial \overline{U}D}{\partial y} + \frac{\partial \overline{V}D}{\partial x}\right) \tag{3.58}$$

式中，$-\overline{WU}(0)$，$-\overline{WV}(0)$ 和 $-\overline{WU}(-1)$，$\overline{WV}(-1)$ 分别为海面风应力和底应力分量。

首先假定在 t_{n-1} 和 t_n 时刻所有量都已求得，则式（3.52）和式（3.53）的右边项即可求出，并认为其在 t_n 至 t_{n+1} 时刻保持不变。利用式（3.51）、式（3.52）和式（3.53）和外模时间步长 DTE 显示积分若干步至 t_{n+1} 时刻，从而可求出水位和垂向平均速度，供内模态计算使用。

3.2 大气数值预报模型

WRF(Weather Research and Forecasting)模式是由美国国家环境预报中心(NCAR)主持开发的新一代中尺度数值天气预报系统，2008 年推出第 3 版，全面替代 MM5 模式，成为全球应用最广泛的高分辨率区域预报模式。其长期开源、共享的研发策略使得 WRF 得到了迅速而持续的发展。时至今日，WRF 已拥有全球超过 150 个国家的数万名用户，这些用户在使用 WRF 的同时将遇到的问题和相应的解决方案反馈给开发者，在此过程中，WRF 的代码质量和功能得到不断提升，也继续保持着其在区域中尺度预报方面的领先优势。

WRF 模式采用完全可压非静力欧拉方程组，水平方向采用 Arakawa-C 网格，垂直方向采用 η 坐标系，时间积分采用三阶龙格-库塔方案，支持多种嵌套方式(如：单向嵌套、双向嵌套、移动嵌套等)；灵活的网格设计方案和动力解算方案使得 WRF 能够进行从 1×10^6 米级至米级空间尺度的天气预报。同时还具有数据同化、水文预报、大气化学分析以及集合预报功能。

WRF 的程序架构具有高可移植性、易维护、扩展性强、参数化方案丰富等诸多优越性，相比于其他中尺度模式，WRF 的物理参数化方案也更为丰富，主要包括微物理过程方案、积云对流方案、近地面层方案、行星边界层方案、陆面过程方案、辐射方案等，非常便于进行本地化改进。

作为区域预报模式，通常使用 GFS、ECMWF 等全球业务模式的预报结果来生成 WRF 初始场和边界条件，而后可通过 WRF 专用同化系统 WRFDA(WRF Data Assimilation system)进行实时资料同化，以进一步提升预报效果。

WRFDA 能够同化的资料类型众多，包括：常规地面观测、探空观测、船舶观测、机场天气预报、飞机探空、卫星云导风、地基 GPS 整层可降水量、天基 GNSS 掩星折射率、风廓线雷达、多普勒雷达、洋面风反演以及高分辨率红外、微波成像仪的辐射直接同化等。同化算法包括：三维变分(3DVAR)、四维变分(4DVAR)、混合同化(Hybrid-3DEnVar)以及集合卡尔曼滤波(ET-

KF)。就目前较为常用的 4DVAR 而言，算法首先利用以往数月的预报结果生成背景误差协方差矩阵，再通过变分方程、循环积分等技术来获得统计最优分析场，该算法已成熟应用于 ECMWF 和 NCEP 日常业务预报模式当中。多种多样的输入数据加之先进的同化算法使得 WRFDA 能够给数值预报提供优质的初始场和边界条件，从而大幅提高 WRF 的预报能力。

3.3 溢油数值模型

3.3.1 溢油物理扩展模型

目前众多针对溢油物理扩展的预测研究中，核心问题仍是油膜的扩展范围与厚度变化。Blokker(1964)从质量守恒的角度出发，建立了自由面上油膜扩展的数学模型：

$$D = \left[D_0^3 + \frac{24K_r}{\pi}(d_w - d_o)\frac{d_o}{d_w}Vt \right]^{1/3} \tag{3.59}$$

式中：D_0 为初始时刻油膜直径；d_w、d_o 分别为水和油的比重；K_r 为 Blokker 常数；V 为溢油的总体积；t 为时间。

虽然该模型可以表达油的扩展情况，但是只考虑了重力和溢油体积的影响，忽略了表面张力和黏性力的作用。Okubo 等(1974)基于大量现场观测资料的分析，认为油膜质量的近似正态分布是由溢油在海表的扩展作用导致的，且油膜的直径与质量均方差成正比，在各向同性的条件下，油膜周边界限仍然保持圆形，面积可通过直径度量。但是该模型也存在显著缺陷，在于油膜直径的变化仅与时间有关。

针对以上模型的缺陷，Fay(1969)提出了一套较为合理的油膜扩展理论，该理论目前仍然被一些国际主流溢油预测模型系统所采用。该理论综合考虑了重力、表面张力、惯性力以及黏性力的作用，将油膜扩展的过程根据各种力在不同阶段所起的作用划分为三个阶段，即：重力和惯性力作用阶段、重力和黏性力作用阶段以及表面张力和黏性力作用阶段。需要指出的是，该理论成立的前提是平静海面上溢油在扩展过程中性质不变并在垂向处于受力平衡状态。

根据 Fay 理论，数学模型分别建立在以下三个阶段。

惯性扩展阶段：

$$D = 2K_1 \left(g\beta Vt^2 \right)^{1/4} \tag{3.60}$$

黏性扩展阶段：

$$D = 2K_2 \left(g\beta V^2 / \sqrt{v_w} \right)^{1/6} t^{1/4} \tag{3.61}$$

表面张力扩展阶段：

$$D = 2K_3 \left(\delta / \rho_w \sqrt{v_w} \right)^{1/2} t^{3/4} \tag{3.62}$$

这里，D 为油膜直径；ρ_w 为海水密度；ρ_o 为油的密度；$\beta = 1 - \rho_o/\rho_w$；$g$ 为重力加速度；V 为溢油体积；v_w 为水的运动粘滞系数；t 为时间；δ 为净表面张力系数，即水与空气间、油与空气间以及油与水间的表面张力系数；K_1、K_2、K_3 分别为各扩展阶段的实验室经验系数。上述各阶段的分界时间根据相邻两个阶段扩展直径相等的条件来确定。当 $\delta = 0$，扩展过程结束，油膜直径保持不变，此时的油膜表面积 A_f 可由经验公式得出：

$$A_f = 10^5 V^{\frac{3}{4}} \tag{3.63}$$

Fay 三阶段数学模型提出后，众多学者对其进行了优化和改进，研发出新的模型。Liu 和 Leendertes(1981)对 Fay 三阶段模型进行整合，得到如下模型：

$$D = 0.61 \left[1.3 \left(\beta g V \right)^{1/2} t + 2.1 \left(\beta g V^2 / \sqrt{v_w} \right)^{1/3} t^{1/2} + 5.29 \left(\delta^2 t^3 / \rho_w^2 v_w \right)^{1/2} \right]^{1/2} \tag{3.64}$$

这里，D 为油膜直径；ρ_w 为海水密度；ρ_o 为油的密度；$\beta = 1 - \rho_o / \rho_w$；$g$ 为重力加速度；V 为溢油体积；v_w 为水的运动粘滞系数；t 为时间；δ 为净表面张力系数。

Mackay(1980a，b)在 Fay 三阶段模型第二阶段表达式中针对海面风的强迫进行了参数化修正，首次针对厚油膜和薄油膜分别建立了扩展模型，使得模拟结果与前人的相比更加合理，但其缺陷在于并未考虑风和流对于油膜的共同影响。Lehr 等(1984)则针对 Mackay(1980a，b)的参数化方案对 Fay 三阶段模型进行了全面参数化修正，考虑了海面风场、流场对油膜非对称性扩展的共同影响，得出了一个重要结论，即油膜在海面实际是以椭圆而非圆形的形式扩展，且长轴的方向与风向保持一致。该参数化模型由于改进合理，模拟结果与实际较为接近，目前在各溢油预测模型系统中得到广泛应用。

3.3.2　溢油漂移与扩散模型

目前，溢油漂移与扩散模型存在两种类型：一种是基于欧拉-拉格朗日漂移理论建立的溢油轨迹追踪模型。这种模型假设油膜在表面流场和风的共同作用下发生平移输运，可通过欧拉-拉格朗日方法预测溢油的运动轨迹。这类模型中具有代表性的有 Coast Guard 模型(Miller et al.，1977)、SEADOCK 模型(Williams et al.，1975)、Navy 模型(Webbl et al.，1970)等。另一种是基于蒙特卡罗方法的油粒子漂移扩散模型。该模型在拉格朗日方法的基础上考虑了质点随机扩散。如图 3.2 所示，该模型中，油膜被离散化成大量的粒子，每个油粒子代表一定油量。油膜的扩散即为粒子群的扩散，受到油粒子尺寸分布、剪切流和湍流过程的控制，也可看作粒子群在湍流作用下进行的拉格朗日运动，通过粒子的随机运动来实现。虽然油粒子运动方向在某一时刻是随机的，但这种随机性又受整个运动场的控制。因此，通过给予随机数、给定湍流强度、时间尺度和油粒子数，可计算得到每个油粒子的位移(娄安刚等，2000)，进而得到油膜的漂移轨迹。

油粒子漂移扩散模型中，粒子漂移与扩散用下式表示：

$$\frac{\mathrm{d}\boldsymbol{x}}{\mathrm{d}t} = \boldsymbol{V}_A + \boldsymbol{V}_D \tag{3.65}$$

这里，$\boldsymbol{x}$ 为位移；t 为时间；$\boldsymbol{V}_A$ 为平移速度；$\boldsymbol{V}_D$ 为油膜水平湍流扩散速度。

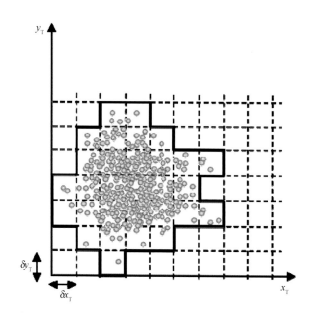

图 3.2　油粒子示意图(引自 De Dominicis M et al.，2013)

V_A 由下式表示：

$$V_A = V_{\text{Current}} + C_D V_{\text{Wind}} \tag{3.66}$$

这里，V_{Current} 为表面流速；V_{Wind} 为海面 10 m 风速；C_D 为风拖曳系数。

公式(3.65)中的 V_D 由下式表示：

$$|V_D| = \gamma \sqrt{\frac{6D}{\Delta t}} \tag{3.67}$$

这里，γ 代表随机数，范围为 -1~1；D 为水平扩散系数；Δt 为时间步长。

油粒子漂移扩散模型中，溢油污染面积通过油膜扫海面积确定，即油膜在一定时间内经过的海域面积。计算时需要取一定时间内所有粒子经过的海域面积。已有研究将油粒子模型与溢油扩展模型两个阶段进行了衔接，预测结果更为准确，但是油粒子漂移扩散模型目前仍然无法解决的是不同油品性质对油膜扫海面积的影响，此问题将在模型的发展与改进中逐步解决。

3.3.3　溢油风化模型

溢油风化过程包含蒸发、溶解、分散、乳化、吸附沉降等过程。这些过程相互影响，且伴随油膜组分的改变而变化。考虑到短期内蒸发、分散、乳化和岸线吸附过程对海面溢油的残留量、组成、性质、状态起决定作用，因此，从溢油应急的时效性出发，现有绝大部分溢油预测模型系统侧重于风化过程的刻画，主要集中于溢油的蒸发、分散、乳化和岸线吸附的经验模型。

溢油蒸发过程通过计算溢油的蒸发率来预测，有准组分法和解析法两种主要方法。准组分

法是把油视为一系列分子量不同的烃类组成，总蒸发量是各组分蒸发量的和。该方法中，新鲜油组分信息由蒸馏曲线给出，经验模型为

$$\frac{\mathrm{d}Q_i(t)}{\mathrm{d}t} = \frac{-\alpha(t)Q_i(t)M(t)P_i(t)}{\rho(t)h(t)RT} \tag{3.68}$$

式中，t 为时间；$Q_i(t)$ 为单位残留面积中组分 i 的重量；$\alpha(t)$ 为与风速有关的质量迁移系数；$M(t)$ 为液体混合物的摩尔质量；$P_i(t)$ 为组分 i 的蒸气压；$\rho(t)$ 为液体混合物的密度；$h(t)$ 为油膜厚度；R 为气体常数；T 为绝对温度。

上述公式已应用于挪威科技工业研究院自主研发的 IKU 风化模型（Per et al., 1997）中。但相对于准组分法，更多的模型系统采用了解析法，这类方法将溢油视为混合类基质，建立基质的蒸发率与风速、蒸汽压、油膜面积的经验关系。模型如下：

$$\frac{\mathrm{d}F}{\mathrm{d}t} = \left(\frac{K_E}{h}\right)\exp\left[6.3 - \frac{10.3(C_1 - C_2 F)}{T}\right] \tag{3.69}$$

式中，F 为蒸发的体积分数；K_E 为质量迁移系数；h 为油膜的厚度；T 为周围温度；C_1、C_2 为油的蒸馏常数。该公式在多个模型系统中被改进从而满足蒸发过程模拟的合理性，例如美国的溢油风化模型 ADIOS（Lehr et al., 2002）。

对于溢油的分散过程，因为涉及波浪作用，能完整刻画该过程的模型并不多，目前应用较为广泛的是 Delvigne 和 Sweeney（1988）提出的经验模型：

$$Q_r(d_o) = C(o)D_{ba}^{0.57}SFd_o^{0.7}\Delta d \tag{3.70}$$

这里，Q_r 为每单位表面面积在附近间隔为 Δd 的不同液滴大小的油液滴进入速率；$C(o)$ 依赖于油种类和风化状态的经验常数；D_{ba} 为单位表面面积分散的破碎波的能量；S 为油在海表面的覆盖率（$0 \leqslant S \leqslant 1$）；$F$ 为海面单位时间遭遇破碎波的份数；d_o 为油颗粒直径；Δd 为油颗粒直径间隔。其中分散的破碎波能量由半经验关系给出：

$$D_{ba} = 0.0034\rho_w g H_{rms}^2 \tag{3.71}$$

式中，H_{rms} 为波场内波高的 rms 值；ρ_w 为海水密度；g 为重力加速度。Delvigne 和 Sweeney（1988）经验模型是结合理论分析与实验结果建立的，为目前刻画溢油分散最合理的模型。

溢油乳化的动力学机理较复杂，相关研究认为当化学条件满足后，并有一定的波动和其他湍流能量时，油就会迅速形成乳化物。但由于缺乏足够的理论和实践支撑，尚无法准确测定形成乳化物时所需能量的阈值。目前大部分模型系统中的乳化模型均是对 Mackay（1982）提出的一级乳化速率模型的改进，该经验模型表达式如下：

$$\Delta W = K_a(U+1)^2(1 - K_b W)\Delta t \tag{3.72}$$

式中，ΔW 为乳化速率；W 为含水率；K_a 为吸收率经验常数；U 为风速；K_b 为含水率因子，近似等于 1.33；t 为时间。该模型可以刻画大多数油品在给定风速下的迅速乳化过程，美国的 OIL-MAP、英国的 OSIS、挪威的 OSCAR、意大利的 MEDSLIK II 系统均对该模型进行了改进。此外，也有的模型系统采用了 Rasmussen（1985）提出的经验模型，例如意大利的 BOOM 系统。模型表达

式如下：

$$Y_W = \frac{(1 - e^{-K_A K_B (1 + V_W)^2 t})}{K_B}$$ (3.73)

这里，Y_W 为乳化物含水量；$K_A = 4.5 \times 10^6$，主要受风影响；Y_W^F 为最终含水量，一般取 0.8，则 $K_B = \frac{1}{Y_W^F} \approx 1.25$；$V_W$ 为风速；t 为时间。

油膜在海上漂移扩散可能会触碰到陆地边界，则一部分油会吸附在岸上。已有的溢油预测模型系统中，基本都将溢油触岸后以停滞状态来处理。目前，有关溢油岸线吸附的预测，存在一种合理的方法，即对油粒子标记一套编码，同时将岸线分割为多个小单元并标记为另一套编码，一旦某个油粒子与岸线有所接触，其编码迅速被赋值为该岸线单元的编码，从而确保油粒子不再运动（De Dominicis M et al.，2013）。系统在识别油粒子时，会根据其编码是否与岸线一致判定该油粒子的运动状态。

综上所述，溢油风化模型绝大部分是实验室获得的经验公式，其影响最终受溢油的黏性和密度变化控制。溢油预测模型系统发展至今，风化模型已同油粒子模型完全耦合，即广义上提到的油粒子模型事实上已具备了溢油风化过程的预测功能。风化模型的存在，会使溢油行为与归宿的预测更接近于真实情况。

3.4 溢油模型系统

3.4.1 溢油模型系统概况

目前国际上主流的溢油模型系统有美国的 OILMAP 和 GNOME、英国的 OSIS、挪威的 OSCAR、澳大利亚的 OSTM、意大利的 BOOM 以及西班牙的 MOHID 等（De Dominicis et al，2013）。国内则有国家海洋信息中心自主研发的中国近海海上溢油一体化预测预警系统、中海石油环保服务有限公司的中国近海海上溢油预测与应急决策支持系统、大连海事大学的海上溢油应急预报信息系统、国家海洋环境预报中心的渤海溢油应急预报系统等。以上溢油预测预警系统的总体架构大同小异，具体表现在以下几点。

（1）系统均实现了模块化集成。将系统根据功能的不同分为若干模块，每个模块间既相互独立又相互关联，例如：海流模块负责海流的预报，海浪模块负责海浪的预报，大气模块负责海面风场的预报，溢油预测模块负责预测溢油的行为预测，且各模块间相互传递着信息，表现在：大气模块预报的风场驱动海流模块和海浪模块运行，预报的流场和风场信息同时传递给溢油预测模块进行溢油行为预测。模块化集成的最大优点可以使系统高效运行，因各模块分工运作，且彼此间进行有序的信息传递，大大提高了溢油应急响应的速度。

（2）油粒子模型在各系统中的广泛采用。油粒子模型已成为溢油预测的主流模型，并且在各系统中，预测溢油风化的不同经验方程已与油粒子模型完全耦合，使溢油行为和归宿预测结果与实际更为接近。

（3）系统均实现了可视化。由于各系统均以 GIS 平台作为支撑，GIS 技术可以向应急人员提供各类溢油数据的可视化信息，主要方式是将基础地理数据、海洋环境动力要素数据、溢油漂移与扩散预测结果等信息进行分层叠加展示，使应急人员可以更直观地获得溢油的现状和未来发展趋势。

以上系统之间的区别则主要表现在海域针对性和附加功能上。对于 OILMAP 这样的商业系统，或者 GNOME 这样的开源系统，只要能够提供相应的基础地理信息，在任何海域均可以进行溢油应急预测预警。但对于 OSIS、BOOM、MOHID 这样非商业和开源的系统，几乎只用来针对其所属国家近海海域的溢油预测预警任务，包括我国的渤海溢油应急预报系统、中国近海海上溢油一体化预测预警系统以及中国近海海上溢油预测与应急决策支持系统，也具有特定的针对性。在附加功能上，有些系统除了能够进行溢油预测预警外，还增加了有关溢油环境敏感区域预警功能，例如中国海洋溢油一体化多节点协同预测预警系统。还有一些系统可依据应急计划和应急反应专家的知识和经验，根据溢油预测结果，形成应急反应决策辅助方案，例如 OSIS、中国近海海上溢油预测与应急决策支持系统等。

综上所述，不同的溢油预测预警系统在各沿海国家溢油应急响应工作中的作用极其重要，也代表了海上溢油应急预测预警领域的最高水准。

3.4.2 中国近海海上溢油一体化预测预警系统

3.4.2.1 系统构成

中国近海海上溢油一体化预测预警系统由数据库和多个子系统构成。数据库为溢油应急数据库，子系统包括中国近海海洋环境预报子系统、溢油漂移动态预测子系统以及溢油环境敏感资源和应急资源管理子系统。整个系统基于 GIS 平台研发，发生溢油事故时，及时调用后台服务进行模块的一体化模拟计算，在二维电子海图基础上叠加相关的海洋环境动力要素信息，模拟溢油扩散和漂移态势，并同时计算剩余油量，估算溢油面积以及岸线吸附程度等，运算高效并且稳定。

3.4.2.2 溢油应急数据库

溢油应急数据库包含针对溢油预测预警所需的动态与静态、空间与非空间数据，包括基础地理信息数据库、海洋环境数据库、油品属性数据库、溢油环境敏感资源数据库等。数据在入库前，需要对数据进行收集接收、解码解译、质量控制、数值修正、格式转换、容错处理、数据时空对准、数据关联和数据模糊化等相关处理。

1）基础地理信息数据库

通过对中国近海海域的基础地理信息（如电子海图数据等）进行入库管理，建成基础地理信息数据库，为基于 GIS 平台的溢油现场信息展现、系统基础地理信息管理模块提供基础底图和空间数据分析支撑(图 3.3)。

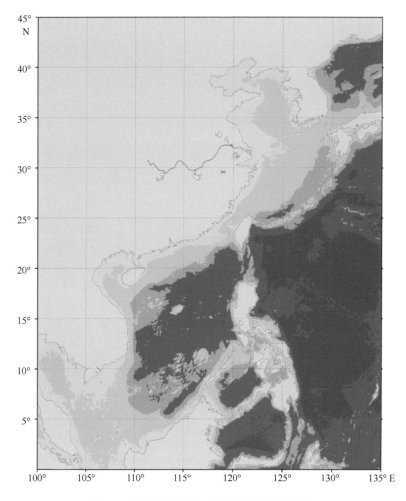

图 3.3　处理后的高精度中国近海地形数据

2) 海洋环境数据库

该数据库收集的数据包括高精度的风场、流场、海流、水温等气象和水文实时数据，以此支撑中国近海海洋环境预报子系统调用并进行海洋环境动力要素的计算。同时预报获得的海洋环境动力要素也会及时存储到该数据库中，图 3.4(a)和(b)显示为已入库的预报风场和流场。

3) 油品属性数据库

该数据库包括海上溢油事故常见油品的种类及其属性等方面的数据(图 3.5)。属性主要包括油种的物理和化学特性，如油品密度、黏度、表面张力、蒸发常数等影响溢油在海上的行为和归宿方面的参数。该数据库主要为溢油漂移动态预测子系统提供溢油风化数据支撑。

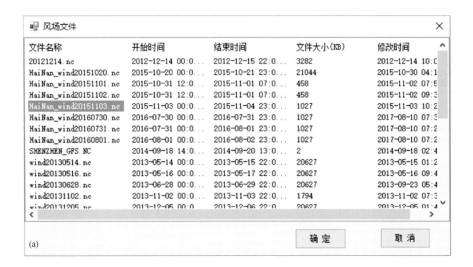

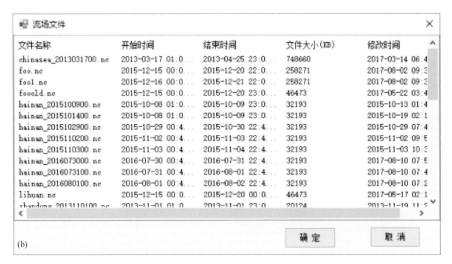

图 3.4 海洋环境数据库收集的预报风场和流场数据

图 3.5 油品属性数据库参数界面

4）溢油环境敏感资源数据库

根据海事、海洋、环保部门单位提供的溢油环境敏感资源专题数据，构建该数据库，实现对各种敏感程度、各种生物资源、各种人为使用区域的敏感资源分布及时空特性的管理。该数据库为溢油环境敏感资源和应急资源管理子系统提供数据支撑。

3.4.2.3 中国近海海洋环境预报子系统

中国近海海洋环境预报子系统由风场预报模块和海流预报模块组成，模块间完成了双向耦合，实现针对中国近海全海域的业务化和精细化海洋环境动力要素预报。风场预报模块一方面为海流预报模块提供动力强迫条件，另一方面为溢油漂移动态预测子系统提供风场参数。海流预报模块则为溢油漂移动态预测子系统提供流场参数。

1）风场预报模块

该模块选用的模型为 WRF，模型水平分辨率精确至 1 km 以内，以此实现从云尺度至天气尺度等不同尺度天气特征的高分辨率模拟。模型具备三维变分同化功能，为模型提供更高质量的初始场，从而提升风场预报质量。在综合考虑模拟区域与空间分辨率的基础上，本模块采用了三重嵌套技术。如图 3.6 所示，第一重嵌套利用 30 km 水平分辨率的 D01 区域模拟整个东亚的天气系统；第二重嵌套利用 10 km 水平分辨率的 D02 区域模拟中国近海的天气系统；第三重嵌套利用 3 km 高分辨率的小区域 D03、D04 以及 D05 针对各海区的天气系统进行模拟再现。

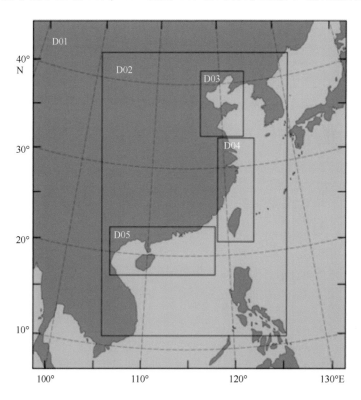

图 3.6　WRF 的三重嵌套区域

2）海流预报模块

该模块选用的模型为 FVCOM。如图 3.7 所示，模型的计算区域为整个中国近海，重点考虑各沿海港口和海上油气平台附近，即发生海上溢油事故的高风险区。非结构化三角网格在海区内的复杂岸线处、湾口、各重点港口和油气田区以及海峡等进行了自然加密，以确保影响溢油漂移轨迹的海流和潮汐的精确模拟。近岸敏感区的加密精度可达到 50 m，集中于重要油气田聚集区和沿海主要港口，网格的分辨率几乎达到了模拟真实地形的程度，而在远海加密区网格精度则不低于 8 km。

图 3.7 SELFE 计算区域及相应的网格配置

3.4.2.4 溢油漂移动态预测子系统

该子系统根据溢油行为与归宿的变化划分为溢油扩展和漂移轨迹预测模块、溢油风化模块以及油污岸线吸附模块。溢油风化模块中的经验公式大部分由实验室获得，需要结合油品属性数据库运行。溢油扩展和漂移轨迹预测模块采用了油粒子模型。模块可以对油膜在风的作用下产生的显著拉伸、油膜边缘的扩展以及油污漂移扩散过程进行精准预测。溢油污染面积则通过油膜在一定时间内所有粒子经过的海域面积即扫海面积确定。溢油风化模块采用多组分法模拟油粒子中各组分的变化过程。该方法是将油粒子假设为多种碳氢化合物组成的混合物，因此需基于油品特性数据库对各个单独组分蒸发、溶解等过程进行分别计算，最后求出总的油粒子组分随时间变化过程。岸线吸附模块中，油粒子被标记了一套编码，同时将岸线分割为多个小单元并标记为另一套编码，一旦某个油粒子与岸线有所接触，其编码迅速被赋值为该岸线单元的编码，从而确保抵岸油粒子不再运动。模块在识别油粒子时，会根据其编码是否与岸线一致判定该油粒子的抵岸情况。尚未抵岸的油粒子会在海水中参与下一个时间步长的计算，这样可以计算出溢油量、残留量、油被海岸吸附的量、修正溢油的扫海面积等，由此可以推测出被油污染海岸线的长度和宽度等。

3.4.2.5　溢油环境敏感资源和应急资源管理子系统

该子系统主要实现溢油环境敏感资源信息管理功能，以帮助应急管理人员对应急处置决策所需的基础信息进行管理，以保证数据的动态维护、准确更新。该子系统由基础地理信息管理模块和溢油环境敏感资源信息管理模块构成。各模块具体功能如下。

(1)基础地理信息管理模块：主要为应急管理人员提供电子海图等基础地理信息的更新、维护管理功能。

(2)溢油环境敏感资源管理模块：主要提供溢油环境敏感资源信息的录入、更新、维护管理功能。模块管理的溢油环境敏感资源信息包括岸线人为使用敏感资源信息及生物敏感资源信息等。同时，模块可以基于 GIS 平台以敏感资源专题图的形式将岸线资源、优先保护地区以及清除次序等重要信息提供给应急处置决策人员，用于进行溢油影响区域的评估。应急处置决策人员可根据敏感资源专题图掌握哪些区域对油污染有高风险、哪些区域是敏感岸线资源，从而帮助其制定溢油清除策略，确定优先保护次序。系统涉及的敏感程度包括易损性、危害性、特殊性、时间性。

3.4.2.6　系统支撑平台

系统应用支撑平台以 GIS 技术为基础，具有多源溢油数据集成、信息管理、数据展示、模型加载等基本功能，为系统应用层功能实现提供技术支持。通过 GIS 技术为用户提供各类数据的可视化集成，使用户对溢油事故现状和未来动态有更为准确的把握。平台不但提供对基础地理数据、海洋环境动力要素、环境敏感资源数据、溢油漂移扩散结果等相关信息的分层叠加展示功能，还可提供海图漫游、放大缩小等地图控制功能。

3.4.2.7　系统可视化构建

1)系统整体框架

系统以电子海图、电子地图、卫星遥感图形为基础，结合网页、数据库和编程等技术方法，利用风场、流场预报信息以及专业模型组件，将所有信息集成到直观、便捷易操作的平台下。系统软件分为客户端和服务器端两部分(图3.8)。其中，客户端包括静态图层(静态地理、自然、社会信息)和动态图层(实时信息和溢油事故应急预测/辅助决策)两部分，服务器端包括空间数据服务器端和基础数据服务器端两部分。

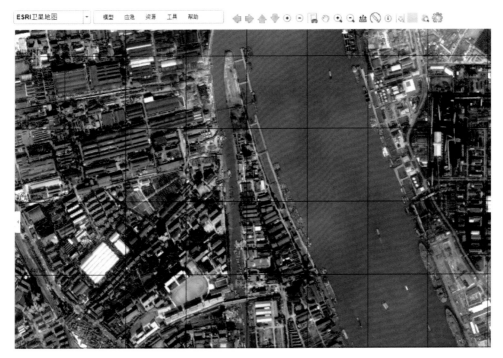

图 3.8 客户机/服务器(C/S)客户端

2)客户端实现功能

A. 静态图层实现功能

静态图层主要包括空间数据图层和应急资源图层：①空间数据图层指电子海图、电子地图以及卫星遥感图等，为系统的基础图层。图层包含的内容有居民地，港口和近海设施，助航设备，水深点等点层；水系，道路，境界，桥梁，涵闸和管线，等深线，海区界线和海底管线等线层；陆地地貌，海岸和岛屿，航行障碍物，航道和锚地等面层。②应急资源图层指溢油事故发生后，针对事故的应急保障资源在指挥决策中的显示图层，是进行指挥决策的重要前提。

静态图层均为矢量数据，支持无极缩放不失真，同时支持各种不同比例尺图层，空间范围可覆盖整个中国近海海域，并做到了无缝衔接。图层显示及操作功能如图 3.9 所示。

(1)图层显示。多图层海图设计使用用户可以在电子海图上任意选择需要显示的图层(图3.10)。采用电子海图间无缝衔接，并支持基本显示功能：放大、缩小、回退(回到上一浏览窗口)、还原(满画布显示)、漫游等功能。多图层海图设计支持电子海图鹰眼显示功能，方便用户了解选择区域的地理位置，还可以按照缩放比例显示/隐藏图层的属性标注信息，比如在1：10 000 比例尺下隐藏图层属性标注，当比例尺为 1：5 000 时显示标注信息。该设计可以显示比例尺、指北针、鼠标所在经纬度等附加信息，还可以显示任意位置指定图层对象的属性，例如，当鼠标单击某一锚地时，就会弹出相应的信息框显示该锚地包含的属性信息。

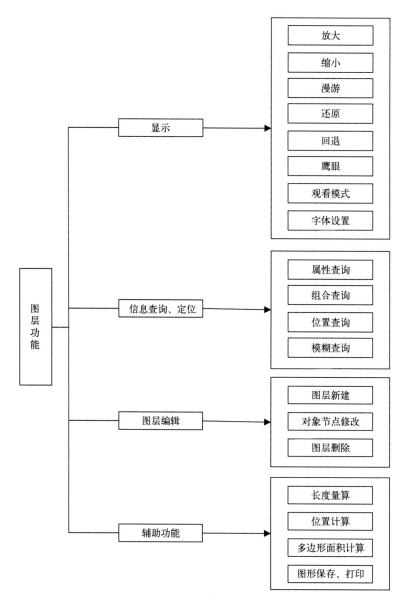

图 3.9　图层显示及操作功能

　　（2）信息查询。用户可以针对固定图层的某一个或多个属性信息值在电子海图上定位符合条件的图层对象，并查询这些对象包含的全部属性信息（图 3.11）。该设计实现用户对指定范围内的图层定位和属性信息的查询，比如用户可以指定一个多边形区域，并在区域内查找符合查询条件的所有图层对象及其包含的属性信息，也可以查询多边形区域包含的全部图层对象。该设计还能实现图层属性模糊查询和属性组合查询。用户可以不必清楚图层的具体属性，而仅仅需要清楚属性中包含的个别文字就可以进行查询，也可以指定多个属性值进行组合查询。

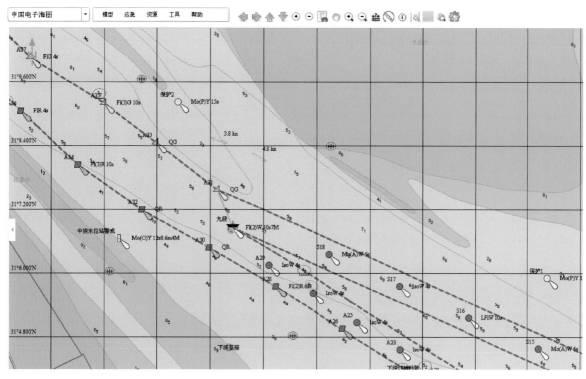

图 3.10　电子海图显示

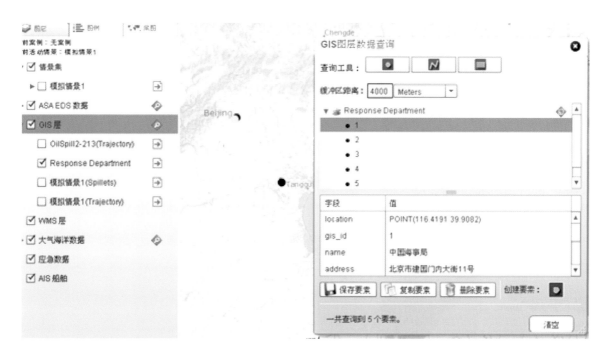

图 3.11　浏览器/服务器架构(B/S)信息查询

（3）图层渲染。用户可以根据需要新建部分图层，图层类型包括：点、线、面，用户可以任意选择喜欢的点、线、面的样式以及颜色（图 3.12）。针对用户新建的图层对象，可以对对象节点执行添加、修改、删除等操作。针对用户定义的图层可以设计属性项，并进行填充，以标注形式进行显示。

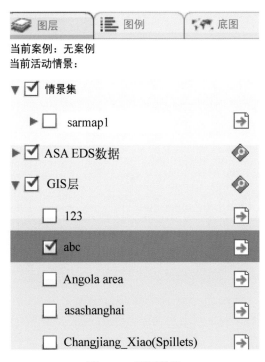

图 3.12　图层渲染

（4）辅助工具。辅助工具包括：①长度量算：用户可以直接在电子海图上点击两点或多点进行长度值的量算；也可以给定两点的经纬度直接进行长度量算。②位置计算：在屏幕上点击一点或给定该点的经纬度，同时给定距离和方位计算另一点的经纬度。③多边形面积计算：在电子海图上点击一个封闭的多边形进行面积计算；给定三点或多点经纬度进行面积计算，其中点的位置可以利用符合一定格式的经纬度文件进行导入。④图形保存、打印功能：可以保存".jpg"、".bmp"格式的屏幕图像或制作简单的专题图；实现图形的打印功能。

B. 预测结果图形化显示

该系统可以根据所获取的溢油事故实时信息和其他海洋环境监测数据，对海上溢油事故做出快速响应，准确地掌握溢油漂移扩散的趋势和可能的来源信息；为应急决策提供可靠的技术指导。

把溢油事故产生的数据信息由文字、表格、图表、矢量图等多种形式表现出来，除在计算机上显示出来外，还可形成数据文件存储到空间数据库，供随时查询、编辑、打印。系统除了提供以上常规处理手段外，还能提供连续动态演示、特定结果查询等。系统预测结果显示主要提供以下信息：溢油扩散中心位置图，溢油漂移轨迹预测图（图 3.13）、单张或连续动态显示潮汐、潮流、风场变化图等产品及相关文字和表格。

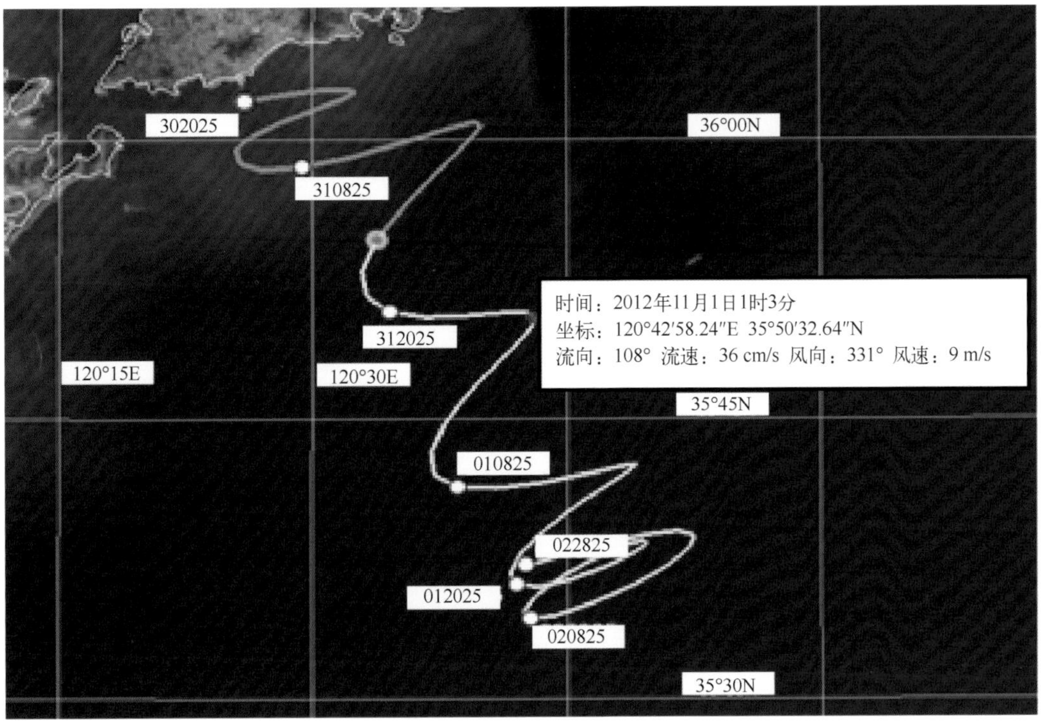

图 3.13　溢油漂移轨迹预测

C. 动态图层实现功能

动态图层(实时信息和溢油事故应急预测/辅助决策)是指根据不同溢油事故所显示的常规和应急水文气象信息,不同溢油事故的数值预测结果、资源调配方案、应急预案和专家决策最优应急预案以及现场监测信息等图层。动态图层的特点在于根据不同溢油事故系统自动调用后台程序或通过应急系统平台人工干预而获取图层数据,图层的数据针对每一次突发事件,并且具有时变性。动态图层主要包括以下内容。

(1)溢油漂移扩散结果。通过溢油模型得到的未来时刻溢油漂移轨迹、扩散面积等信息通过GIS 图层的方式在应急系统平台前台显示。图层时间间隔可根据不同溢油事故人工设定。

(2)溢油环境敏感资源分析。溢油环境敏感资源信息包括岸线人为使用敏感资源信息及生物敏感资源信息等。图层将岸线资源、优先保护地区以及清除次序等环境敏感资源重要信息提供给应急处置决策人员,用于进行溢油影响区域的评估。应急处置决策人员可根据敏感资源专题图掌握哪些区域对油污染有高风险、哪些区域是敏感岸线资源,从而帮助其制定溢油清除策略,确定优先保护次序。系统涉及的敏感程度包括易损性、危害性、特殊性、时间性。

(3)溢油应急资源调配方案。通过计算溢油事故现场与各应急资源中心的距离,并考虑各应急中心的资源配置给出各个应急资源中心针对该溢油事故所提供的设备、船只、人员配备情况,形成各个应急资源中心资源调配方案 GIS 图层。

(4)溢油应急预案和专家决策最优应急预案。溢油应急预案中将溢油应急资源到达事故现场，并将现场情况和位置以图层形式在前台显示，并且该图层可以通过专家决策意见修正，得到最优应急预案图层。

3.4.2.8　系统业务化应用案例

中国近海海上溢油一体化预测预警系统投入业务化运行后，已完成针对多起海上重大溢油事故的预测预警，预测结果准确可靠，为海事部门溢油应急工作提供了重要依据和参考。

1)大连新港"7.16"溢油事故预测预警

2010年7月16日晚7时，在大连新港卸油的利比里亚籍原油船发生输油管线爆炸，引起火灾，持续20 h的溢油总量超过1 500 t，溢出的原油污染范围覆盖港口周围超过100 km² 的海域。系统预测了溢油120 h漂移扩散情况，发现溢油发生48 h之后，油粒子开始通过三山水道大量进入大连湾内，此时在大山岛和小山岛上都吸附了大量的油粒子，之后在流场和风场的作用下，油粒子继续不间断地漂移扩散，72 h之后，可以在大连湾以及附近大部分海域都发现油粒子的存在(图3.14)。根据从海事部门搜集到的资料和相关文献记载，当时大连事故发生72 h之后，油膜已经开始有西南方向至星海湾浴场和东北方向至金石滩这两个方向扩散的趋势。此外，利用2010年7月19日溢油发生后72 h的Radasat-2卫星图像(图3.15)进行对比可以发现，该时刻大窑湾和小窑湾以及大连湾附近海域存在大量的油膜，系统已经很好地重现了溢油发生之后油膜的分布情况，与卫星图像符合。

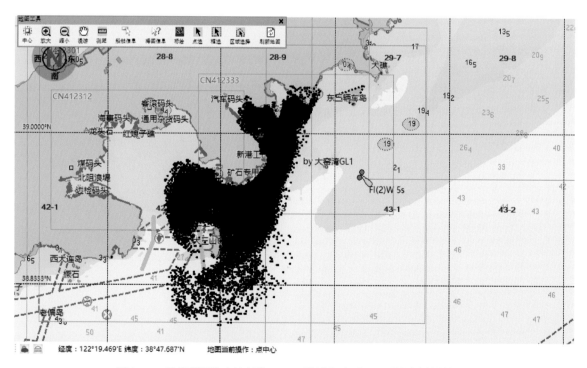

图3.14　系统预测的大连新港"7.16"溢油发生后72 h的漂移扩散情况

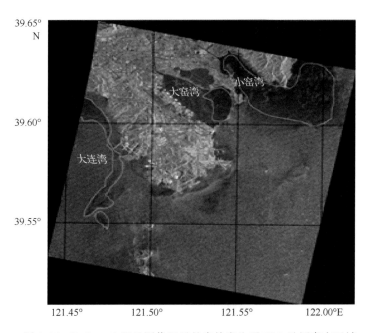

图 3.15　Radasat-2 卫星图像显示的事故发生后 72 h 油污存在区域

2）胶州湾"11. 22"溢油事故预测预警

2013 年 11 月 22 日，山东黄岛发生输油管道爆炸事故，造成大量原油溢漏入海，给胶州湾带来不可估量的生态破坏，并严重影响了当地的经济。系统预测了溢油 72 h 漂移扩散情况，发现在第 50 h 后黄岛沿岸、团岛周边均有大量的油污吸附岸线，在往复流和海面风场的作用下，油污连续不间断地漂移扩散，在第 72 h 内湾口以北油污呈现大面积带状分布存在于胶州湾内及湾外大部分海域，大量的油污集中在黄岛沿岸海域，少量集中在团岛及浮山湾附近。11 月 24 日，山东海事局监测到结果显示在团岛至黄岛一线胶州湾内侧海域聚集了大多数的油污，且油污呈带状分布；在胶州湾口、团岛至浮山湾海域有零星条带状油膜分布。该描述与系统模拟的溢油发生后 50 h 的油粒子分布特征吻合较好（图 3.16）。

3）"桑吉"轮溢油事故预测预警

2018 年 1 月 6 日，巴拿马籍油船"桑吉"轮与香港散货船"长峰水晶"轮在长江口以东约 160 n mile 处发生碰撞，导致"桑吉"轮全船起火并向东南方向漂移，沿途产生大量溢油，直到 1 月 14 日，"桑吉"轮经过剧烈燃烧后于距离事故水域位置东南约 151 n mile 处沉没，给东海造成了严重污染。系统预测了溢油 72 h 漂移扩散情况，如图 3.17（a）、图 3.17（b）、图 3.17（c）所示，事故发生后，船体溢油在风和流的共同作用下向西北方向漂移扩散，并在第 60 h 转向东南，预测结果与海事局提供的信息较为一致。

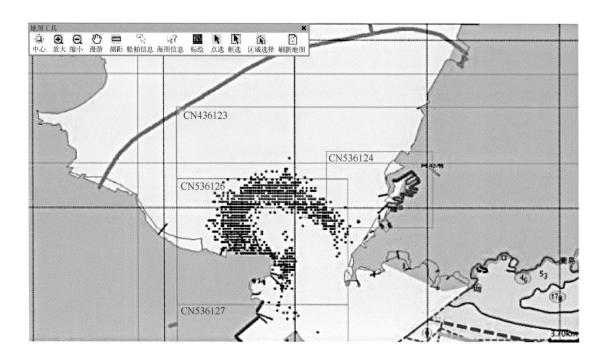

图 3.16　系统预测的胶州湾"11.22"溢油发生后 50 h 的漂移扩散情况

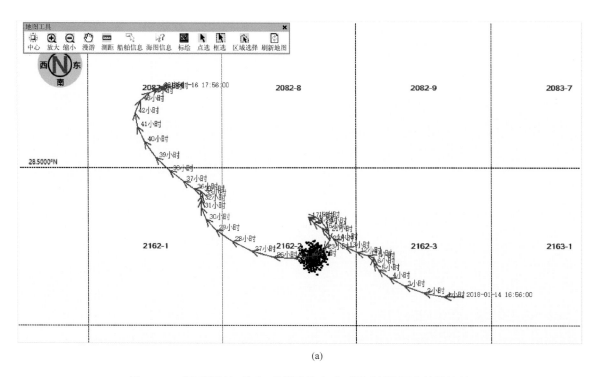

(a)

图 3.17　系统预测的"桑吉"轮溢油发生后不同时刻的漂移扩散情况

(a)24 h 溢油漂移扩散情况；(b)48 h 溢油漂移扩散情况；(c)60 h 溢油漂移扩散情况

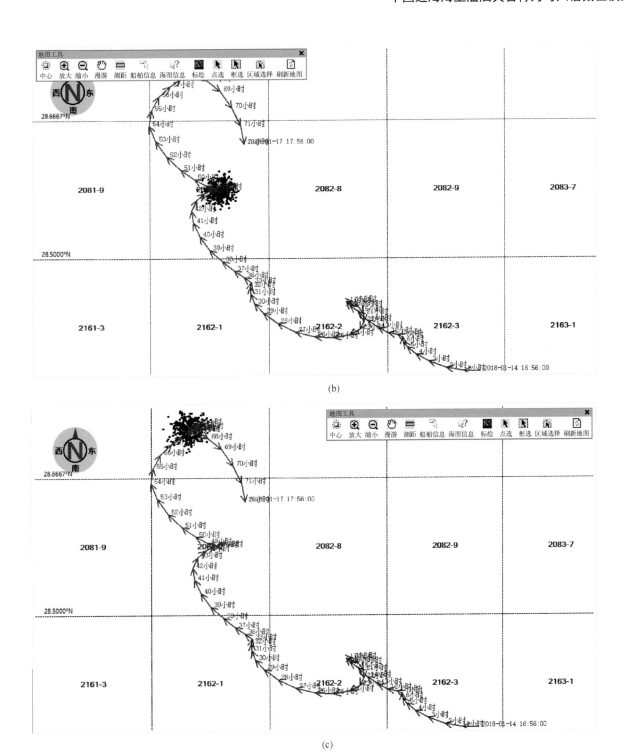

(b)

(c)

图 3.17　系统预测的"桑吉"轮溢油发生后不同时刻的漂移扩散情况(续图)

(a)24 h 溢油漂移扩散情况；(b)48 h 溢油漂移扩散情况；(c)60 h 溢油漂移扩散情况

第4章 海冰灾害数值模拟

4.1 近海海冰灾害概述

我国开发利用海洋有悠久的历史，渔业、港口、石油、旅游等海洋资源极为丰富。然而，人们在利用渤海海洋资源的同时，不得不面对各类海洋灾害的影响，海冰灾害便是其中之一。

世界上的海冰大多集中于北极和南极区域。海冰作为全球海-气系统的重要组成部分，既对全球气候变化产生响应，又对气候变化具有反馈作用。与人类生产生活息息相关的近海能够发生海冰的海域虽然不多，然而一旦发生，往往成为严重影响人类生产生活的灾害性事件。

所有在海上出现的冰通称海冰，除由海水直接冻结而成的冰外，它还包括来源于陆地的河冰、湖冰和冰川冰(GB/T 19721.3—2017)。海冰的形成可以开始于海水的任何一层，甚至于海底。在水面以下形成的冰叫作水下冰，也称为潜冰，黏附在海底的冰称为锚冰。由于深层冰密度比海水密度小，当它们成长至一定程度时，就将从不同的深度上浮到海面，使海面上的冰不断地增厚。

近年来，随着海洋经济的迅速发展，一些结冰海区已经陆续建立许多石油平台和港口，海洋油气开发、船舶航运和海洋渔业等生产日益活跃，海冰对海上经济活动影响不容忽视。海冰灾害发生时会封锁航道和港口，破坏海港设施；流冰的切割、碰撞和挟持，将严重威胁舰船航行的安全。世界上拥有结冰海洋的国家，如中国、俄罗斯、美国、加拿大和芬兰等国，都非常重视海冰的观测、研究及预报。

海冰灾害通过海上运输、海水养殖、海岸工程以及海滨旅游等方面影响着环渤海地区海洋经济的发展。因此研究渤海海洋灾害的特征及发展机理，认识渤海海冰的发展规律和影响因子，对冰情变化做出准确有效的预测预报，对于保障海上经济活动及沿海居民生命安全具有十分重要的意义，也可为相关政府部门提前做好应急部署提供必要的信息，对于我国的海洋防灾减灾工作具有重要意义。

4.2 渤海海冰情况简介

我国海冰主要发生在渤海和黄海北部，其中又以渤海海域为主。在世界范围内，我国的渤海是非常有代表性的近海结冰海域之一，也是北半球纬度最低的结冰海域之一。渤海的海冰属于典型的一年冰，每年的秋末冬初开始，渤海由北向南逐渐从岸边浅水区向深水区结冰，次年冬末春初，又由南向北或由冰区边缘向冰区中心逐渐融冰。

渤海是深入我国大陆的半封闭性内海，位于北半球中纬度地区（37°07′—41°0′N；117°35′—121°10′E），环抱于山东、河北、天津和辽宁三省一市之间，为半封闭的内海（图4.1）。渤海南北长560 km，东西宽300 km，海区面积约78 000 km²，平均水深18 m，最大水深78 m。

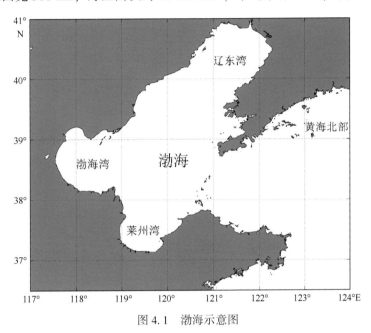

图4.1　渤海示意图

4.2.1　渤海的海冰灾害

渤海海冰的冰情变化和严重程度直接影响近海的水产养殖、交通运输、油气开采、海洋生态环境以及沿岸居民的生命财产安全。由于每年冬季的气候背景不同，各年冰情差别较大，冰情严重时会酿成严重的灾害（张方俭，1986；白珊，1998）。

我国有海冰观测记录以来，最严重的海冰灾害发生在1968/1969年冬季。1969年2月5日至3月6日，渤海出现特大冰封。冰厚最大达0.8 m。堆积高度为1~2 m，最大堆积高度达9 m。航道冰封1个月，146艘海轮不能行驶。进出天津港的123艘客货轮中，7艘被海水推移搁浅，19艘被海冰所困，25艘由破冰船破冰后才得以脱困，5艘万吨级货轮螺旋桨被海冰碰撞损坏，1艘巨轮被海冰挤压破裂进水，引水船螺旋桨也被海冰碰坏并引发船体变形，航标灯全部被海冰挟走。天津港务局观测平台被海冰推倒，流冰摧毁了由15根2.2 cm厚锰钢板制作的直径0.85 m、长41 m、打入海底28 m深的空心圆筒桩柱的全钢结构"海二井"石油平台，另一个重500 t的"海一井"平台支座拉筋全部被海冰割断。另外三座平台虽然没有被推倒，但严重受损。同时，这次冰封使塘沽、秦皇岛、葫芦岛、营口和龙口等港口的海上交通运输处于瘫痪状态，经济损失巨大（张方俭，费立淑，1994；李志军，2010）。

进入21世纪，最严重的冰情发生在2009/2010年冬季（郭可彩等，2010）。图4.2和图4.3

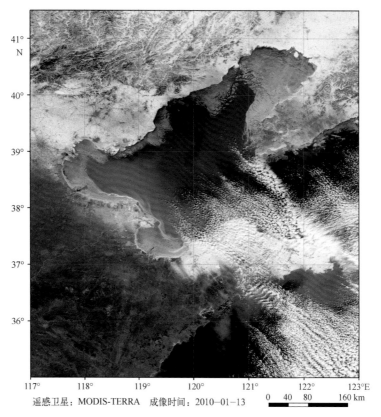

遥感卫星：MODIS-TERRA　成像时间：2010-01-13

图 4.2　2010 年 1 月 13 日 MODIS-TERRA 卫星测得的海冰分布范围

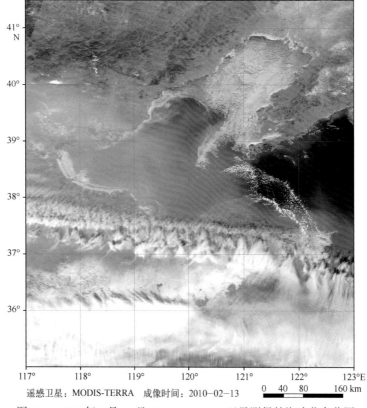

遥感卫星：MODIS-TERRA　成像时间：2010-02-13

图 4.3　2010 年 2 月 13 日 MODIS-TERRA 卫星测得的海冰分布范围

为 MODIS 卫星数据观测到的中国渤海及黄海部分区域海冰分布情况。由于冰情发生早、发展快、严重冰期长，给渤海及其沿岸社会、经济造成了严重影响，据统计，冰灾造成的经济损失近 66 亿元。这次冰灾影响了渤海及黄海北部的多个港口的运营，甚至造成部分港口封港；导致"电煤南运"不畅，华东电网运营曾一度告急；辽东湾港口基本都被封港；大港油田石油平台钻井停产 20 多天；油建"海恩 101"浮吊被浮冰挤压受困 4 天，船上 38 名工作人员及船员被困，"海运 19"船被浮冰挤压，船身失控；辽东湾觉华岛上 3 200 多名居民生活必需品和应急物资供给无法保障，居民生活受到严重影响。严重冰灾引起了党中央国务院领导的高度重视，要求国家海洋局加强对海冰监测，关注海冰灾害对生产生活的影响，及时发布预警报，指导和帮助有关方面防范和应对灾害工作(江崇波，2013)。

4.2.2 渤海海冰的成因

海冰生成的物理过程相对来说要比淡水复杂。淡水在 4℃ 左右时密度最大，在 0℃ 附近结冰。而海水因含有盐类，其冰点和密度最大时的温度均比淡水低，且随盐度的增大而降低。

在海冰生成的过程中，首先冷空气使海面气温下降，海面散失热量，海水冷却，海温降低。当海温下降密度变大时，产生下沉运动，下层海水比重相对变小，要上升到表层。海水温度达到冰点，也正是接近密度最大时的温度，下沉上升的垂直对流运动反复进行，直到整个下沉上升水层(垂直对流混合层)密度均一稳定才停止，并开始结冰。

海冰的成长，首先向水平方向发展，再沿厚度方向延伸。最初生成的海冰是针状或薄片状的冰晶。大量冰晶的聚集和凝结，或降雪落至海面而不融化，就形成糊状或海绵状的初生冰。在平静或有风浪的海面，糊状或海绵状的冰会进一步冻结，分别形成冰皮、尼罗冰或莲叶冰。这类冰再继续增厚，就形成灰冰、灰白冰或白冰。有时，受风、浪、流、潮的作用，冰层相互重叠堆积，便形成重叠冰和堆积冰等。

4.2.3 渤海海冰物理性质和力学特征

渤海海冰是由纯冰晶、固体盐、卤水和气泡组成的多元复相物质，有些海区还含有泥砂等杂质。各组成成分由于结冰地点、时间和结冰后的环境条件以及冻结速度等不同而有明显差异(刘煜，2013)。

(1)海冰盐度。海冰融化成液体后的盐度，称为海冰的盐度，其值为 3‰~25‰，它与海水的盐度、结冰速率和冰龄等有关。

(2)海冰密度。海冰密度为 0.85~0.94 g/cm³，略小于海水密度，所以冰块一般都浮于海面。形状规则的海冰，露出水面部分为总厚度的 1/10~1/7。

(3)海冰比热。海冰的比热较淡水冰大，但融解潜热比淡水冰小。海冰表面的热传导系数约为淡水冰的 1/3，但厚度不到 1 m 时和淡水冰相似。

(4)海冰力学性质。海冰力学性质是海冰工程学的基础，冰与海上结构相互作用和海冰力学性质有着密切关系。渤黄海的海冰力学特征随时间、空间变化很明显。根据国际水力学会

（IAHR）建议，我国主要采用盛冰期平整冰的圆柱体或棱柱体试样测试冰抗压强度。渤海海冰的抗压强度约为淡水冰的3/4。抗压强度大小主要取决于海冰的盐度、温度和冰龄等要素。

根据渤海各海区和黄海北部气温统计平均值，取海温为 $-2℃$，通过统计经验得到各海区冰温估值及盐度估值，利用上述各式计算得到各海区海冰抗压强度 σ_c、抗弯强度 σ_f 和有效弹性模量 E 列于表 4.1（张明元，1993）。

表 4.1 黄海、渤海海冰相关参数（张明元，1993）

海区	辽东湾	渤海湾	莱州湾	渤海中部	黄海北部
冰温/℃	-5.1	-4.0	-3.4	-3.5	-4.3
盐度(‰)	6.82	6.22	4.74	7.08	7.54
V_b(‰)	69.4	79.8	71.1	103.2	90.3
σ_f/kPa	452	416	446	341	381
E/GPa	1.719	1.422	1.640	0.888	1.174
σ_c/MPa	2.23	1.98	2.19	1.47	1.47

4.2.4 渤海海冰时空分布特征

从海冰的空间分布来看，渤海海冰主要发生在其所属的辽东湾、渤海湾和莱州湾内。其中，辽东湾是渤海结冰最早、终冰最晚、冰情最严重的海域；渤海湾和莱州湾的海冰面积和厚度相对较小，冰期也较短（邓树奇，1985；白珊等，1999）。一般年份，渤海海冰的空间分布特征是：①北部冰重，南部冰轻；②岸边冰重，海中冰轻；③辽东湾东岸冰重，西岸冰轻；④渤海湾西岸和南岸冰重，北岸冰轻；⑤莱州湾海冰较辽东湾和渤海湾轻，但春季冰情波动大（杨国金，1999）。

1）辽东湾海冰时空分布特征

辽东湾是渤海结冰最早的海域，也是终冰最晚的海域。一般于每年的11月下旬开始结冰，翌年3月中旬终冰，冰期为110天左右。其中，初冰期为45天左右，一般出现在11月下旬至1月上旬；严重冰期为35天左右，一般出现在1月中旬至2月中旬；融冰期为35天左右，一般出现在2月中旬至3月中旬。

常冰年，严重冰期间海面冰量超海区总面积的80%，浮冰最大外缘线离北岸61~80 n mile，浮冰厚度一般为20~30 cm，最大50 cm左右，北部沿岸固定冰宽度大多在1 000 m以上。其中，河口及浅滩处可达5 000 m以上；固定冰厚度一般为30~40 cm，最大60 cm以上；固定冰堆积高度一般为1~2 m。

2）渤海湾海冰时空分布特征

渤海湾一般于每年的12月中旬开始结冰，翌年2月下旬终冰，冰期为75天左右。其中，初冰期为 35 天左右，一般出现在 12 月中旬至 1 月上旬；严重冰期为 22 天左右，一般出现在 1 月中旬至 2 月上旬；融冰期为 18 天左右，一般出现在 2 月中旬至下旬。

常冰年，严重冰期间海面冰量和密集度大于等于 8 成，浮冰最大外缘线离西岸 16～25 n mile，浮冰厚度一般为 10～20 cm，最大 40 cm 左右，沿岸固定冰宽度一般为 100～1 000 m。其中，河口及浅滩处可达 3 000 m 以上；固定冰厚度一般为 20～30 cm，最大 40 cm 左右，固定冰堆积高度 2～4 m 以上。

3）莱州湾海冰时空分布特征

莱州湾是渤海三大海湾中冰情相对较轻的海区，一般于每年的 12 月中旬开始结冰，翌年 2 月中旬末或下旬初终冰，冰期为 60 天左右。其中，初冰期为 30 天左右，严重冰期为 16 天左右，融冰期为 14 天左右。

常冰年，严重冰期间海面冰量和密集度大于等于 8 成，浮冰最大外缘线离西岸 11～20 n mile，浮冰厚度一般为 10～20 cm，最大 30 cm 左右，湾底沿岸固定冰宽度一般为 100～600 m。其中，河口及浅滩处可达 2 000 m 以上；固定冰厚度一般为 20～30 cm，最大 40 cm 左右；固定冰堆积高度可达 2～4 m。

4.2.5　渤海海冰气候态变化特征

气候背景对冰情趋势预报具有重要意义。受全球气候变暖的影响，渤海沿岸气温从 1970 年以来总体趋势呈缓慢上升的态势。海冰冰情的长期变化特征主要表现如下。

（1）总体趋于减轻，海冰面积呈现缩小趋势，同时海冰变化的振荡幅度趋于缓和，这种情况可能与气候变暖、渤海冬季寒潮活动减弱有关。

（2）海冰在 20 世纪 70 年代存在突变，渤海冰情等级比 20 世纪 50 年代和 60 年代减少约 1.0 级。

（3）在不同历史时期，海冰变化具有不同的周期变化特征。在 20 世纪 80 年代前，以 6～8 a 和 12 a 左右长周期变化为主，存在 2～4 a 的短周期；在 20 世纪 80 年代之后，长周期减弱，以 2～4 a 的短周期变化为主；进入 21 世纪以来，渤海冰情以 6～8 a 的长周期变化为主，存在 2～4 a 的短周期变化。

4.3　我国海冰预警报方法

我国的渤海和黄海北部近岸海区，一般年份的冰情不甚严重，但遇到严寒的冬季，渤海也曾出现大冰封。因此，如果海冰预报能够较准确预测初冰、严重冰情的发生时间、港口封冻解冻时间、海冰空间分布特征、海上冰情变化趋势等冰情要素，就可以做到既发展生产，又保证安全。

我国的海冰预报开始于 20 世纪 50 年代末，但那时只有个别气象台站根据渔业生产需要进行简单预报。正式定期发布海冰预报是从 1969 年开始。当时，为防御可能发生的严重海冰灾害，国家决定国家海洋预报台及北海分局所属青岛海洋预报台（现北海预报中心）等单位研究和发布我国渤海、黄海区的海冰预报。

目前，海冰预报已经是国家海洋环境预报中心、北海预报中心的国家指令性常规预报业务。渤黄海的沿海各级预报机构也先后开展了海冰预报业务。

海冰预报方法综合起来大致可以归纳为以下三类。

经验预报：根据太阳活动规律、太平洋水温、大气环流特征值及历史气温等资料，通过分析、对比和判断，最后做出定性预报。

数理统计预报：建立统计预报模型，然后采用一定的数理统计方法，在所选择的预报因子与预报量之间建立起一定的数学关系式，根据预报因子实况对冰情做出定量预报。

数值预报：根据流体动力学、热力学或热力-动力耦合理论，建立一系列数学模式（方程组），然后，在确定的条件下，用数值计算方法求出方程组的解。

前两种方法多用于中长期预报，后一种方法多用于短期预报。

4.4　海冰数值模式

海冰对海洋环流、大气环流和气候演变具有重要作用，冰的增长、减弱和漂移与海洋、大气的动力和热力学变化有着密切的关系。大气和海洋的动力学特性改变了海冰的漂移和形变，影响冰厚分布，而冰的增长和减弱速率又依赖于大气和海洋的热力学特性以及冰厚分布。另外，海冰本身可以直接改变海-气热量和动量交换，改变大气和海洋的特性，海冰已经成为全球气候系统中的重要成员之一。从物理过程角度看，海冰数值模式主要由海冰热力模块和动力学模块构成。

4.4.1　我国的海冰数值模式发展

海冰数值模式是由单一的海冰热力模式或动力模式，逐步向海冰动力-热力耦合模式以及冰-海、冰-气及冰-气-海耦合模式发展起来的。我国海冰数值模式发展于20世纪80年代，基于野外观测和实验、资料分析等手段，开始了对海冰数值模式的研究。王仁树等（1982）、吴辉碇等（1992）和程斌（1996）利用海上平台观测和其他实测气象海洋要素资料进行了气-冰和气-海间热量收支计算，研究了冰内热传导和大气、海洋热力强迫作用等决定海冰形成和增长的热力学过程，同时吴辉碇（1991）和王志联等（1994）提出了海冰热力过程参数化方案，确定了海冰热力增长函数的计算。王仁树等（1984，1994）、吴辉碇等（1995，1998）根据海冰运动场的非均匀性引起海冰破碎和堆积，引入了形变函数，发展了海冰动力学模式，且在渤海进行海冰漂移数值模拟试验。另外，他们还进行了黏-塑性、弹-黏-塑性、空化流体等海冰模式与自由漂移模式的对比实验，揭示不同本构关系对海冰漂移的动量平衡的作用。杨世莹等（1991）和白珊等（1998）使用开阔水、平整冰和堆积冰三种类型描述同一网格内的不同的海冰分布特征，发展了渤海海冰动力-热力模式。

渤海潮流对瞬时海冰漂移的驱动作用、冰的形变、破碎和近岸海域的冰堆积的作用往往超过风的强迫作用。Zhang 等(1994)将海冰动力模式与二维潮流模式耦合，模拟计算 M₂分潮作用下的海冰运动；Li 等(1998)将 Blumberg 和 Mellor 的 ECOM-si 版本海洋模式与渤海海冰数值预报模式的动力学部分耦合，计算流冰在风和 M₂分潮共同作用下的运动，研究渤海冰与潮汐的相互作用。

随着国内对冰与气候相互作用的日益关注，我国大量的科学家和研究人员，在海冰理论研究与海冰数值模式和应用方面做出了很大贡献。张学洪等(2000)、刘钦政等(2000，2004)和Wang 等(2005)相继开展了海冰模式与海洋模式耦合试验和研究工作，研制完成的全球和北太平洋海-气耦合气候系统已用于短期气候预测。苏洁等(2005a，b)利用 POM 和黏-塑性海冰热力-动力模式进行耦合研制了渤海冰-海洋耦合模式，发展了区域海冰-海洋耦合模式。李海等(2008年)将混合拉格朗日-欧拉(HLE)数值方法应用到海冰动力学计算之中，模拟值与实测值拟合良好。张娜等(2012)利用人工神经网络 BP 模型，选取合适的动力学和热力学参数，预测辽东湾结冰面积。刘煜(2013)在渤海海冰数值预报模型中引入弹性-黏性-塑性流变学的概念，发展了高分辨率的局地海冰预测模型。季顺迎等(2015)针对海冰生消移动过程中的非连续分布和形变特性，发展了适用于海冰动力学过程的改进离散元模型(MDEM)。王昆等(2017)基于三维自由表面、垂向分层动网格的欧拉-拉格朗日模式，采用有限体积方法离散三维浅水方程组，对渤海的水动力过程进行了模拟，在此基础上引入热力学过程，建立了海冰生消模型，并分析了不同热力学参数对冰情发展的影响。Li 等(2020)利用冰海耦合模式后报结果探讨了辽东湾、渤海湾和莱州湾三个子区域在 5~15 d 和 15 d 以上的时间尺度上冰量与地表温度的相关性，得到逐时冰量变化主要是由具有明显潮汐信号的表面流引起的，而逐日冰量变化主要是由表面风引起的。Guo 等(2021)利用 NEMO-LIM2 冰海耦合模式讨论了在不同温室气体排放情景下，大气平均状态的变化对渤海海冰发展过程的影响。

4.4.2 海冰热力学模式

1）海冰热力学模式发展概述

海冰热力学过程主要包括海冰与大气、海洋间热力相互作用的过程及海冰内部热力过程(比如海冰热传导、卤水相变及对太阳短波辐射的透射等)。气-冰-海界面的能量收支对海冰温度变化、热力增长、消融相变以及冰内热力结构产生重要的影响。海冰热力学过程在海冰模拟和预报、海冰与气候系统相互作用中占有重要地位。

Maykut 和 Untersteiner(1971)较为充分考虑了冰上雪盖、太阳透射辐射引起的内部加热作用和海冰盐度等因素，建立了比较完备的海冰热力学模式，并应用于北极海域海冰数值模拟，模拟结果与观测资料吻合较好。该模式的缺点是计算过于复杂，不适合进行大尺度海冰热力过程数值模拟。Semtner(1976)则简化了上述模式，改变差分方案，减少垂直层数等。根据具体简化程度不同，分别称为零层模式和三层模式。Lemke(1987)将热力海冰模式耦合了海洋密度跃层模式，用来研究两极冰下海洋热通量随时空分布的变化。大多数海冰模式将冰的融解热取为常量（Gabison，1987；Ebert，1993；Flato，1996）。Ebert 等（1995）在前人发展的海冰热力学模式基础上，特别研究了海冰厚度分布的影响，采用了一个对海冰表面状态很敏感的反照率参数化方案，用以研究冰-海系统中太阳辐射的分配情况，太阳辐射大约有 15% 被雪吸收，12% 被冰吸收，69% 被反射，4% 可以通过薄冰、水道等进入混合层。

近 30 年来北极和南极的海冰快速衰退，海冰反照率反馈机制越来越引起更大的关注（Ingram et al.，1989）。夏季由于太阳辐射增强，海冰开始融化，表面反照率减弱，热收支增强，从而加速融化过程。因此，对海冰生消规律的研究，不仅需要海冰反照率的大尺度时空信息，而且更需深入探索海冰表面状况。冰内结构及其物理性质和海冰光学性质关系复杂，海冰的热平衡问题已成为气候研究的关键问题之一。

2）海冰热力学模式方程

一般意义上说，海冰的形成是指海水温度达到冰点，从液态转化为固态的过程。但是实际上海冰的出现和分布是一个复杂的过程，它不仅是由海表温度降低决定的，而且还受海水密度、盐度、水深、海水的湍流运动和冻结核等各种因素的影响。由观测经验所知，水深是影响海水冻结的重要因素，海水冻结是从沿岸浅水海域开始，逐步向深海海域发展。深海冻结，尤其是极地海区海冰的形成和增长与海洋混合层的演变有很密切的关系。因此，海水冻结的过程受到各种因素的影响，促使海冰形成和增长的主要热力强迫作用是海-气和冰-气的能量交换。

由于接触表面的不同需要考虑不同的热量收支过程：对于无冰海面，要考虑大气和海表面间的热量交换以及海洋混合层向上输送的热量；在冰覆盖的海域必须同时考虑冰表面与大气的热量交换和冰底与海洋混合层的热量交换过程。海冰、海洋和大气之间的热交换过程如图 4.4 所示。

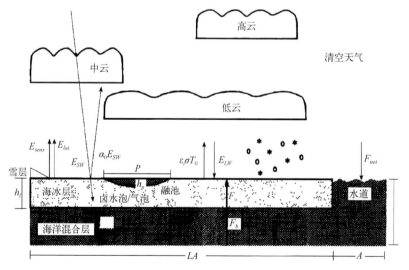

图 4.4　海冰热力学过程示意图（Ebert，1993）

A. 海-气热量收支

对于无冰的海面，考虑大气和海洋间的热量交换以及海洋混合层向上输运的热量。海面净热通量 Q_{net} 为：

$$Q_{net} = Q_{SW} + Q_{EW} + Q_{LW} - \varepsilon_w \sigma T_W^4 \tag{4.1}$$

式中，ε_w 表示海水长波辐射的发射率；T_W 为海表面温度（SST）；σ 为 stefan-Boltzman 常数；Q_{SW}、Q_{EW} 和 Q_{LW} 分别表示感热通量、潜热通量以及海洋表面获取的来自大气的有效长波辐射通量。

B. 冰-气（雪-气）能量收支

在冰覆盖的海面必须同时考虑冰表面与大气的热量交换和冰底与海洋混合层的热量交换过程。在冰表面除了上述 4 种通量外，还包括冰内热传导输送的热量。上层海冰表面的热收支 Q_{AI} 为

$$Q_{AI} = Q_{Si} + Q_{Ei} + Q_L + (1 - \alpha_i) I_0 - \varepsilon_i \sigma T_0^4 \tag{4.2}$$

式中，α_i 是冰面反照率，是一个与海冰物理特性相关的复杂变量。在结冰期 α_i 的值一般取为 0.75，在融冰期取 0.65；当冰面被雪覆盖时，代替冰-气热量收支的是雪-气热量收支，因此要考虑雪-冰、冰-水之间的能量交换以及雪层内的热传导。这里的 α_i 要改用雪面反照率 α_s，其值一般取 0.9。ε_i 表示冰面长波辐射的发射率。I_0 为到达冰表面的太阳短波辐射。σ 为 stefan-Boltzman 常数。T_0 为冰表面温度。Q_{Si}、Q_{Ei} 和 Q_L 分别表示感热通量、潜热通量以及大气长波辐射通量。

C. 冰-气-海之间的感热和潜热通量

海洋与大气、冰与大气之间的感热和潜热交换，不仅取决于不同的下垫面状态，而且更主要的是取决于与其接触的大气状态和运动情况，即取决于大气边界层的物理结构和湍流运动特性，更严格地说，大气和海洋交界面上的能量交换与界面上的大气边界层和其下的海洋边界层的物理特征有密切关系。在许多大气模式、海洋模式和一些耦合模式中，感热和潜热以及冰表面有效长波辐射大多都采用参数化方法：

$$Q_{Si} = \rho_a C_p C_s |u_a| (T_a - T_0) \tag{4.3}$$

$$Q_{Ei} = \rho_a L_e C_e |u_a| (q_a - q_0) \tag{4.4}$$

$$Q_L = \varepsilon_a \sigma [(1 - k_c C_L)(a - be_a) T_a + 4(T_0 - T_a)] T_a^3 \tag{4.5}$$

式中，ρ_a 为大气密度；q_a 和 T_a 分别为大气的比湿和温度；q_0 为冰面的饱和比湿；T_0 为冰面的温度；C_p 为空气定压比热；L_e 为冰表面升华潜热；C_s 和 C_e 分别为感热和潜热输送系数；ε_a 为大气发射率；k_c 为云因子；C_L 为云量；a 和 b 为经验常数（$a = 0.254$，$b = 4.95 \times 10^{-5}$）。

冰表面的温度 T_0 取决于表面的热量平衡

即

$$Q_{AI} - Q_c = 0 \tag{4.6}$$

式中，Q_c 为海冰内部的热传导通量。除了来自大气的热力强迫外，冰内热传导也是决定海冰增长、融化等重要热力过程，它连接了冰面与大气、冰底与海洋的相互作用。冰内热传导依赖于冰内温盐分布及其复杂的内部过程。

$$Q_c = -k_i (T_0 - T_f)/h \tag{4.7}$$

式中，k_i 为热传导系数；h 为海冰厚度；T_f 为冰底海水的冻结温度，它是海水盐度的函数（线性简化形式可以取 $T_f = -0.054\,4\,S_0 + 273.15$ K，式中 S_0 是上层海洋盐度）。当有雪覆盖的时候，海冰的热传导系数要用 $\dfrac{k_i k_s}{h k_s + h_s k_i}$ 代替，这里 h_s 代表雪层的厚度。

若海表面的热量过剩，海冰温度上升，融化的雪或冰立即进入海洋中，其体积通量为 W_{AI}：

$$W_{AI} = \left[Q_{AI} - Q_c \right] / L \tag{4.8}$$

若海冰底失热，会导致海冰的形成，冰底的生长率为 W_{IW}：

$$W_{IW} = \left[Q_c - F_T \right] / L \tag{4.9}$$

式中，L 为冻结潜热；F_T 为海冰底与海洋热通量。由此，海冰厚度增长率 $f(h)$ 为

$$f(h) = \left[Q_{AI} - F_T \right] / L \tag{4.10}$$

对于无冰的开海面，海冰的增长率为 W_{AW}：

$$W_{AW} = \left[Q_{AW} - F_T \right] / L \tag{4.11}$$

式中，Q_{AW} 为气-海之间的海面热收支，可以用方程表示为

$$Q_{AW} = Q_{SW} + Q_{EW} + Q_{LW} - \varepsilon_w \sigma T_{W^4} \tag{4.12}$$

式中，ε_w 为海水发射率；T_W 为海水表面温度（SST）；Q_{SW}、Q_{EW} 和 Q_{LW} 分别为感热通量、潜热通量以及大气长波辐射通量。

4.4.3 海冰动力学模式

1）海冰动力学模式发展概述

海冰运动主要受大尺度气-冰-海相互作用影响以及海冰内的相互作用，决定了海冰的分布和形变过程。海冰动力学主要包括海洋、大气动力强迫下海冰的运动变化、动量传输、冰内相互作用以及海冰的堆积、脊化、破碎、断裂等相关过程。海冰的运动受到以下 5 种力作用：风应力、科氏力、冰内应力、海流应力和海面高度梯度力。

早期海冰动力学研究主要探讨海冰自由漂移的规律，并不注重海冰之间相互作用的研究（Felzenbaum，1961；Bryan，1975；Parkinson，1979）。后来，海冰流变学的复杂性逐渐成为动力学研究的重点，主要包括：将海冰作为线性黏性流体（Hibler，1974，1979）、牛顿黏性流体（Campbell，1965）或塑性物质。20 世纪 70 年代，北极冰动力学联合试验（AIDJEX）首次提出弹-塑性流变学（Coon，1974）。1979 年，Hibler 提出黏-塑性（V-P）流变学海冰模式，成为众多海冰模拟和研究的基础。Kreyscher 等（2000）根据综合观测资料与模式计算结果的对比分析，研究海冰流变学，对比分析结果表明：黏-塑流变学模式模拟结果最好；简单自由漂流海冰模式的模拟结果在海冰厚度、海冰漂移等方面误差较大；可压缩牛顿流体海冰模式则高估了海冰内应力，导致了北极中心区域有过多海冰生成。空化流体模式由于忽略了海冰切向应力作用，模拟值与实际的海冰厚度空间分布特征差别显著。

Hunke 和 Dukowicz（1997）在海冰流变学中加入了弹性特征，即为弹-黏-塑（E-V-P）海冰模

式，需要注意的是 E-V-P 海冰模式中弹性并不是物理意义的弹性，只是为了计算方便而引入的。这种处理方法避免了以往弹-塑模式（Pritchar d，1975；Colony，1975）的复杂性。对比试验表明，E-V-P 模式能够更加准确和迅速地反映短时间内强天气尺度的强迫作用。因此，在气候系统模式中，E-V-P 模式比 V-P 模式具有更好应用前景。

2）海冰动力学模式方程

海冰动力学模式的研究中关于力的平衡的观测和研究结果已较为一致，风应力和海水应力是最主要的作用力，海面高度梯度力、速度局地变化和非线性平流只起相对较弱的影响，科氏力对速度的方向影响较大，对速度大小的影响不明显，海冰内应力在不同的条件下所起的作用差异很大（Steele et al.，1997）。图 4.5 是根据风应力和水应力的观测结果做出的海冰动量平衡图。海冰动力学的另一个重要方面就是海冰的形变，海冰的形变通过脊化而形成厚冰，通过分离形成开阔水和水道。

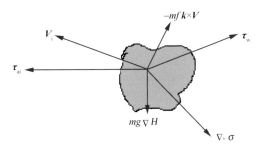

图 4.5 海冰动量平衡图（Hunkins，1975）

海冰的动量方程描述了海冰在受外界强迫和冰内应力作用下海冰的漂移平衡。介于海、气之间的海冰主要受到由冰-气界面湍流运动引起的大气拖曳力、冰-海之间的拖曳力、冰区冰块的内应力、由海面倾斜造成的梯度力和地球旋转而产生的科氏力的影响。海冰的动量方程可表示为

$$m \frac{\partial}{\partial t} V + mf k \times V = - mg \nabla H + \tau_a + \tau_w + F \qquad (4.13)$$

式中，f 为科氏参数；m 为单位面积海冰的质量；H 为海表面的动力高度；$-mg \nabla H$ 为海面倾斜梯度力，是由海面倾斜、海冰重力位势水平差异所引起的应力；F 是由于冰内应力的变化所引起的内力；τ_a 和 τ_w 分别表示冰-气和冰-水间的应力。

海冰所受的风应力和海水应力是海冰受力平衡中的最大项。风应力是冰气界面动量的湍流输送所造成的，其值与冰表面特征和大气层结状况有密切关系；冰水间的应力是由海洋中的湍流涡动的混合输运造成的。大气和海水对海冰的应力作用分别用 τ_a 和 τ_w 代表，它们的常见计算公式为

$$\tau_a = \rho_a C_a |V_a| V_a \qquad (4.14)$$

$$\tau_w = \rho_w C_w |V_w - V_i| (V_w - V_i) \qquad (4.15)$$

式中，V_a 为风速矢量；V_w 为上层海洋的流速矢量；ρ_a 和 ρ_w 分别为大气和海水的密度；C_a 和 C_w 都

是无因次量，分别表示为：$C_a = [k\ln(z+z_0)/z_0]^2$ 和 $C_w = \left(\dfrac{k}{\ln[(z+z_l)/z_l]}\right)^2$，其中 $k = 0.4$ 为 Karman 常数，z_0 和 z_l 分别表示冰面上粗糙度和冰下表面动力粗糙度，一般由经验决定。Mcphee(1975)分别取 $C_a = 1.2 \times 10^{-3}$ 和 $C_w = 5.5 \times 10^{-3}$ 作为它们的典型值。

3) 海冰流变学

海冰流变学主要探讨海冰切变和抗压断裂的线性和非线性性质、切变和抗压强度的相对量级、冰区内冰块随机碰撞产生的无约束压力项及冰强度与冰厚、冰块大小特征的关系等。海冰的变形与海冰内应力关系密切，根据形变场可以确定内应力，采用海冰形变和厚度与冰内应力关系的本构定律进行科学计算。

海冰数值模拟的研究表明，采用黏-塑性流变学对于非线性海冰动力学的数值模拟是很有效的方法，其原因在于它能有效避免弹-塑性流变学中弹性波所引起的问题(Colony，Rothrock，1980)，在固定欧拉网格上可以更容易导出差分方程。当模式采用隐式方案时，可以选取较大的时间步长，这样非常有利于模拟海冰的长期季节性变化。Pritchard(1975)指出，黏-塑性流变学比弹-塑性流变学包含着更普遍的本构关系，同时黏-塑性流变学也适用于冰边缘带的研究。

Hibler(1979)将海冰当作非线性黏性可压缩流体，提出"粘-塑性"本构定律，这是最一般情况的流变学。冰内压力与冰厚、密集度相关，可表示为

$$P = P^* \bar{h} \exp[-C(1-A)] \tag{4.16}$$

η 和 ζ 分别是非线性切变系数和黏性系数，它们都是应变率和海冰抗压强度的函数：

$$\zeta = P/2\Delta$$
$$\eta = \zeta/e^2 \tag{4.17}$$

式中，P^* 为冰的强度；C 为冰强度的衰减率。两者都是经验常数，Hibler(1979)将它们分别取为 $5.1 \times 10^3 \text{ N/m}^2$(注：该常数通常用于北极区域)和 20.0。$e$ 为屈服曲线的椭圆率(即长轴与短轴的比)，取 $e = 2$。

$$\Delta = [(\varepsilon_{11}^2 + \varepsilon_{22}^2)(1 + e^{-2}) + 4e^{-2}\varepsilon_{12}^2 + 2(\varepsilon_{11}^2 \varepsilon_{22}^2)(1 + e^{-2})]^{1/2} \tag{4.18}$$

黏性关系为

$$\sigma_{ij} = 2\eta(\varepsilon_{ij}, P)\varepsilon_{ij} + [\zeta(\varepsilon_{ij}, P) - \eta(\varepsilon_{ij}, P)]\varepsilon_{ij}\delta_{ij} - \delta_{ij}P/2 \tag{4.19}$$

式中，σ_{ij} 为二维应力张量；ε_{ij} 为二维应变率张量；δ_{ij} 为 Kronecker 算子。

4.5 冰-海耦合数值模式

4.5.1 冰-海耦合过程简介

冰与大气、海洋共同组成气-冰-海耦合系统。海冰的发展、变化及运动规律相当复杂，它不仅涉及海冰动力学、海冰热力学、海冰流变学等方面的知识，还需要考虑冰与海洋之间的相

互作用、冰与大气之间的相互作用。冰上风应力大于冰下水应力，当冰移动时将更多的动量传给海洋，反之，冰盖和开阔水域上风应力之差产生的海流也促使海冰重新分布。表面海水冻结，形成冰盖直接影响上表层海洋边界层的物理性质，反过来，冰下海洋边界层直接影响冰的增长或减弱、冻结或融解以及冰的漂移等。真实的海冰动力和热力过程必须考虑冰区及周边海域的环流状况和热状况，海冰模式只有与海洋模式相耦合，才能真实地模拟出自然界中海冰的各种物理过程。冰-海耦合模式可弥补非耦合海冰模式的不足，改进模式对海冰漂移、冰盖和冰缘位置的模拟。

20 世纪 70 年代末以来，卫星遥感、航空遥感和岸基雷达等监测、监视技术和计算机技术飞速发展，为海冰数值研究与预报开拓了广阔发展空间和前景。同时，由于两次历史上罕见强厄尔尼诺事件造成的全球性气候异常，使得海洋工作者纷纷关注大尺度海气相互作用研究。海冰作为全球气候系统中的重要一员，其发展和变化对于全球大气和海洋环境，特别是冷区的海洋环境有直接影响。因此，探索气候系统中冰与大气、海洋耦合物理过程，研制气-冰-海耦合模式是全球气候研究发展的重要方向。

海冰和海洋是一个有机的耦合系统，它们之间的动力和热力相互作用对海冰的生消、运动、海洋环流以及温、盐分布都有显著的影响。研究冰和海洋耦合的基本理论问题及数值模拟，建立有效的海冰预报模式，可以为海上冰区航运、海洋石油开发、渔业生产等活动提供预报保障，为海冰灾害风险分析提供技术支撑。

4.5.2 冰-海耦合在数值模式中的作用

对于气候耦合模式来说，海冰在其中起着很重要的作用，特别对中高纬度地区的气候模拟关系更加密切。因此在大气-海冰-海洋在耦合模式中的相互作用就显得十分重要。

1) 大气作用

大气对海洋和冰最直接的作用是风对冰和海洋的驱动。风强迫是上层海洋环流的主要推动力，进而驱动深层海洋环流，同时它也是海冰变化的主要驱动者。它驱使海冰运动和形变，产生冰脊水道和冰间湖。大气的气温和湿度影响大气与下界面之间能量通量交换，从而影响冰的维持、增长和融解，也决定了上层海洋温度的分布。

2) 海洋作用

海洋提供给大气水汽，海陆差异主要控制了水汽蒸发，导致全球降水分布不同。通过大洋环流向极地输送热量，影响高低纬度热量平衡和极地赤道间的温度梯度。海表温度是海冰分布的主要控制因素，当水温达到冰点时，冰将形成。由于盐度影响冰点温度，因此海洋盐度分布也十分重要。一旦冰形成，暖流进入冰盖海域，趋于融解冰盖，而冷流将携带冰一起流出冰区。洋流对冰的外缘线有很大的影响，例如格陵兰岛东部向南的冷洋流使冰外缘线一直向南延伸到格陵兰岛的东南部。北墨西哥湾流和北大西洋暖流限制冰在挪威海形成，使冰边缘偏向极地。

3）冰的作用

正如大气和海洋影响海冰，反过来海冰对大气和海洋也有很大的反馈，它影响海洋和大气的温度和环流类型。冰与海洋、大气的相互作用决定了整个系统的演变。①冰面具有较高的反照率，减少地球表面对太阳短波辐射的吸收；②冰一旦形成，就将在大气和海洋之间出现一层良绝热体，减少从海洋输送到大气的热通量；③海冰的形成，影响了热量和盐度的输运，在极区形成了热量和盐度的源。综上所述，了解大气-海冰-海洋之间相互作用的基本机制是研究冰-海耦合模式的基础。

4.5.3　冰-海耦合数值模式的发展

海冰、海洋、大气时空尺度显著差异，三种不同的模式具有精度不同的初始场和外强迫资料。最初的"耦合"数值模拟，仅仅用一维、定常深度海洋混合层来代替实际海洋，例如 Manabe 和 Stouffer（1980）等的研究。Pollard（1983）采用可变厚度的一维混合层代替海洋，Hibler 和 Bryan（1987）将 Hibler 动力-热力海冰模式与 Bryan 多层斜压海洋模式耦合等，成功模拟了北极、挪威海和格陵兰海的海洋环流对海冰季节性变化的影响。这些耦合模式中海洋模式的深层海洋计算都是诊断计算，不适合模拟时间尺度较长的海洋中、底层现象。

Mellor 和 Kantha（1989）构造的一维和二维冰-海耦合模式分别采用海冰热力模式与多层海洋模式，成功模拟了北冰洋冰-海、冰-气、风驱动和海-气界面冰融化与冻结速度及白令海冰缘区潮流以及海水扩散混合与散热对海冰融化速度的影响。在此基础上，Hakkinen 等（1992，1995）发展了三维耦合模式，模拟了南大洋冰盖面积及水团形成的季节变化和北极海冰、水团的运动；Saucier 和 Dionne（1998）将该模式改造后，模拟了加拿大哈得孙湾的一年冰以及海洋环流特性。

冰-海耦合模式对海冰季节变化和冰厚分布的数值模拟结果比单纯的海-冰模式有所提高，因为耦合模式提供了随时空变化的海洋热通量。目前对冰与海洋耦合的研究，更多侧重的是全球海冰和海洋的大尺度气候性变化，对小尺度海冰变化（如冰缘带变化）和局地结冰海域研究较少。

近年来，我国的海冰数值模式由原来单纯的海冰动力模式、热力模式和动力-热力耦合模式向冰-气、冰-海及气-冰-海耦合模式方向发展。吴辉碇等（1998）将海冰动力模式与潮流模式进行耦合，对于海冰在风和潮流作用下的漂移行为进行了数值模拟。刘钦政（1998）则分别采用海冰热力模式、海冰热力-动力模式以及冰-海耦合模式对全球的海冰分布、运动进行了数值模拟和对比分析。刘钦政（2000）则将中国科学院大气物理研究所 30 层海洋模式采用空化流体流变学的海冰动力模式以及 Hibler 零层海冰热力模式进行耦合，建立了全球冰-海耦合模式。区域的冰-海耦合模式也有了可喜的发展，苏洁等（2001，2005a、b）利用 POM 和黏-塑性海冰热力-动力模式研制渤海冰-海耦合模式，对渤海海冰演变过程进行连续模拟。刘煜（2013 年）在渤海海冰数值预报模型中引入弹性-黏性-塑性流变学的概念，发展了高分辨率的局地海冰预测模型。Li 等（2020）利用冰-海耦合模式后报结果探讨了引起渤海三个湾不同时间尺度冰量变化的环境要素。Guo（2021）利用 NEMO-LIM2 冰-海耦合模式讨论了在不同温室气体排放情景下，大气平均状态的变化对渤海海冰发展过程的影响。

4.5.4　冰-海耦合数值模式在渤海的应用发展

渤海和黄海北部海域海冰属于典型的一年冰，每年冬季，随着冷空气的一次次入侵，海水温度降低到冰点后，一般当年 12 月底海冰从辽东湾北部和近岸浅水域形成并逐步发展，到次年 1 月下旬或 2 月初，海冰范围达到最大，至 2 月底或 3 月初海冰逐渐融化消失，冰季结束。

刘钦政等（1998）分别采用海冰热力模式、海冰热力-动力模式以及冰-海耦合模式对全球的海冰分布、运动进行了数值模拟和对比分析。结果表明，冰-海耦合模式对海冰的模拟效果最好，同时发现，在冰边缘海域，海冰对海洋有更为显著的影响。刘钦政等（2000）将中国科学院大气物理研究所 30 层海洋模式采用空化流体流变学的海冰动力模式以及 Hibler 零层海冰热力模式进行耦合，建立了全球冰-海耦合模式。在此基础上，使用大气月平均气候资料作为驱动场，对全球海冰分布及季节变化、冰漂移等进行数值模拟、分析试验。该模式计算得到的南半球海冰分布、季节变化与实际资料比较一致，模拟效果相比刘钦政（1998）的 20 层冰-海耦合模式有了明显的进步。虽然北半球海冰的模拟范围比实际资料偏小，但模拟的季节变化量值与实际资料吻合较好。

渤海海冰的数值预报研究及业务化工作，自 20 世纪 90 年代至今主要在国家海洋环境预报中心、极地海洋研究所和北海预报中心以及各大高校得到了大力的开展。根据海冰热力学、动力学和流变学原理，结合渤海水文、气象和冰情特点，发展了渤海海冰动力-热力模式。吴辉碇等（1998）将国家海洋预报中心应用的海冰业务化动力模式与潮流模式进行耦合，对于海冰在风和潮流作用下的漂移行为进行了数值模拟。李海等（1999）将海冰业务预报模式与 ECOM-si 进行动力耦合，模拟了在风、潮流作用下渤海海冰的漂移、堆积和形变。此外，质点-网格（PIC）高精度海冰数值模式也被应用于渤海业务化数值预报，进行渤海海冰动力学细网格预报研究（刘煜等，2005，2006）。近十几年来，区域的冰-海耦合模式也有很大发展，苏洁等（2001，2005a、b）利用 POM 和黏-塑性海冰热力-动力模式发展了渤海海冰冰-海耦合模式。Li 等（2020）利用 NEMO-LIM 海洋-海冰耦合模式模拟了 2009/2010 冬季海冰过程，其模拟的海冰范围与卫星反演结果较为接近。很多学者将更加精细的海洋模式（FVCOM）与海冰模式相耦合，针对渤海和黄海北部海域的特征进行模型改进，使之适用于渤海和黄海北部具有广大浅海区域海域的精细化海冰数值预模型。主要通过对海冰热力效应参数化和冰厚分布函数进行优化处理，使模式的模拟效果得到了改善，并实现了冰-海耦合模式的业务化数值预报。

随着我国海洋开发战略的实施，环渤海海域港口建设、海洋石油开发、航运和海洋水产业得到飞速发展。特别是随着近年来渤海大储量油气田的发现和开发，渤海海洋经济活动更加活跃，沿岸和海上活动越来越频繁，海冰数值预报的预报时效、分辨率和产品类型，远远不能满足我国海洋经济活动特别是海洋石油开发的需要。因此，根据国内外海冰研究的进展发展出适合渤海海冰特点的海冰预报模式，并开发高分辨率、长时效、高精度海冰预报产品已经成为国内海洋工程开发、海上生产运输对防冰抗灾的迫切需求。

4.5.5　渤海海-冰耦合数值模式构建

渤海海冰短期变化主要受到海洋和气象动力过程影响，海冰成为大气和海洋间的绝热层，不能改变海洋与大气间热量交换。大陆架盛行风产生准定常可变的陆架环流，影响冰运动和生成范围，冰盖和开阔水域上风拖曳应力之差产生的海流促使海冰重新再分布。例如风驱动的Ekman 输送可引起冰外缘带海域的涌升流，使较暖的低层热量输送到表层，从而缩小冰盖。非均匀冰盖上风应力能产生海洋涡状环流，反过来这种涡状流又影响冰盖再分布。同时垂直流的变化也改变了冰下层水温和盐度的分布，即冰下海洋混合层比下层水冷且盐度较低。

过去我国的区域海冰模式和耦合模式仅仅局限于渤海海域，但渤海和黄海北部是紧密相连的水体，黄海北部海冰的生消发展与渤海环境有着密切联系，从而影响渤海海冰的发展过程。刘煜等(2013)在 Wang 等（2005）模式的基础上，通过对海冰热力效应参数化和冰厚分布函数进行优化处理，开发了适用于渤海海冰的冰-海耦合模型，并探讨了资料同化技术在海冰数值模拟中的应用，耦合模式的模拟效果得到了很好的改善，使之更加适用于渤海和黄海北部具有广大浅海区域的海域。

4.5.5.1　框架和流程

渤海和黄海是紧密相连的水体，黄海北部海冰的生消发展与渤海环境有着密切的联系，从而影响渤海海冰的发展过程。冰-海耦合模式的计算区域为 36°—41°N，117°30′—127°E 海冰模式和海洋模式的水平分辨率均为 2′×2′(3.7 km×2.8 km) 经纬度网格。海洋模式(POM)的积分时间步长外模 20 s，内模 600 s，采用 Arakawa C 网格；海冰模式采用 Arakawa B 网格，积分时间步长 600 s。将海冰模式与海洋模式进行了同步耦合。每小时读入业务化运行的 WRF 气象(要素包括海面风、气压、气温、湿度和云量)强迫场，并以模式的时间间隔进行插值。在海冰模式中，海面热通量各项、海洋热通量等均为每 600 s 计算一次并传递到海洋模式。海冰和海洋模式中应力项的计算过程：海冰模式计算得到的海冰密集度和冰速传递给海洋模式，以便在海洋模式中计算应力和上表面热通量等要素；另一方面，海洋模式计算得到的上层海温和流速传递给海冰模式，然后进行计算下一时间步长的海面、海洋热通量各项以及冰-水界面应力。

渤海海冰冰-海耦合模式(CIOM)是基于多种类海冰厚度的海冰热力学模式和以黏-塑性海冰流变学为基础的海冰动力模式与海洋动力模式相耦合，同时将大气的气象要素场作为强迫场，将海冰观测数据(卫星遥感等)作为海冰初始场，实现对渤海和黄海北部海域海冰的趋势预测和逐日的短期数值模拟，并形成业务化预测产品(图 4.6)。

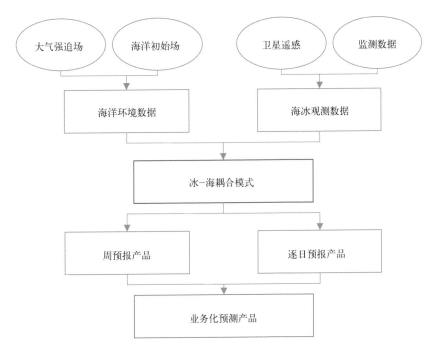

图 4.6　冰–海耦合模式的渤海海冰数值预报流程图

4.5.5.2　基本物理过程

海冰动力学、热力学和流变学的特性研究是发展海冰模式的理论基础。海冰并不是单纯的刚体，冰内既有气泡又有卤水以及其他的杂质。海冰复杂的成分影响了它的热力学特性，也决定了它的力学特性。另外，海冰的空间分布也是十分复杂的，有的堆挤压成冰脊，有的出现细长的水道和广阔的冰间湖，不同类型冰的结构差别很大，导致其性质也有很大的不同。而且海冰与大气、海洋相互作用也是很复杂的。

因此，要设计的海冰模式中既要包括动力学部分也要有热力学部分；既要描述海冰的物理特性又要处理好海冰与大气和海洋之间的能量输运；还要考虑海冰的时间、空间尺度和合理地选择变量和参数，以更加实际地模拟海冰状况。

1)海冰厚度分布函数

耦合系统的海冰模式采用基于冰厚分布函数的多类冰的海冰热力模式和基于黏–塑性本构关系的海冰动力学模式(Hibler，1979，1980)。海冰的压力强度、增长率、表面温度，与大气湍流和辐射通量交换等，会随着冰厚而改变。热力学起着平衡冰厚的作用，薄冰净增加和厚冰净融化。动力学通过非均匀运动产生开阔水和挤压形成厚冰。厚度分布是这两种过程连续作用的历史积分。由于这些原因，冰厚分布很关键。

海冰模式的基本量是厚度分布函数 $g(h, \boldsymbol{x}t)$，随冰厚 h 的空间和时间变化。引起冰厚变化的物理过程都将对 $g(h, \boldsymbol{x}t)$ 造成改变：一方面为通过水的上下边界甚至侧边界质量交换的热力过程；另一方面为海冰非均匀运动所引起的水道和压力脊形成的力学过程；另外，海冰在海面上的平流运动也明显会引起海冰厚度分布的变化。海冰形变再分布函数 ψ，在再分布过程中海冰的体积守恒，采用参数化方法表示这种作用产生的 $g(h, \boldsymbol{x}t)$ 的变化率。函数 $f(h)$ 为海冰厚度的垂直增长率，由海冰的热力学决定。冰厚分布的基本方程与海冰的平均厚度 $\bar{h}$ 和单位面积上海冰的密集度 A 分别为

$$\frac{\partial g}{\partial t} + \nabla \cdot (\boldsymbol{V}g) = -\frac{\partial(fg)}{\partial h} + \psi \tag{4.20}$$

$$A = \int_0^h g(h)\,\mathrm{d}h$$

$$\bar{h} = \int_0^h g(h)h\mathrm{d}h \tag{4.21}$$

式中，$\boldsymbol{V}$ 为速度矢量 (u, v)；$g(h, \boldsymbol{x}t)$ 为海冰厚度的再分布函数；$g(h)\mathrm{d}h$ 为海冰的厚度由 h 到 $h+\mathrm{d}h$ 范围内海冰覆盖的面积。式 (4.20) 右边第一项表示由于热力作用海冰由一种厚度冰变为另一种厚度冰，它是由热力学决定的；第二项是厚度再分布函数 ψ，也是 $g(h)$ 和变形的泛函，它依赖于 h、应变率和厚度分布函数 g 的变化，是描述冰厚的重要项。

冰厚分布由辐合、辐散形成冰脊和水道及切变这些因素的影响，因此冰厚再分布函数表示为这两者之和：

$$\psi = (\varepsilon_{\mathrm{I}}^2 + \varepsilon_{\mathrm{II}}^2)^{1/2} [\alpha_0(\theta)W_0 + \alpha_r(\theta)W_r] \tag{4.22}$$

再分布函数是应变率张量的函数，假定冰各向同性，则 ψ 表示两个应变力张量的恒量：$\varepsilon_{\mathrm{I}}^2$ 主值之和，为速度散度；$\varepsilon_{\mathrm{II}}^2$ 主值之差，与切变有关。式中，$W_0 = \delta(h)$ 和 W_r 分别是水道和冰脊的模，仅依赖于 h 和 g；系数 α_0 和 α_r 仅依赖于 θ。θ 定义为 $\tan^{-1}(\varepsilon_{\mathrm{I}}^2/\varepsilon_{\mathrm{II}}^2)$ 是切变和散度相对比的度量。ψ 的大小由 $(\varepsilon_{\mathrm{I}}^2 + \varepsilon_{\mathrm{II}}^2)^{1/2}$ 决定，然而形成水道和冰脊的多少由 θ 决定。ψ 的具体函数形式，通常一致认为：在辐合情况下，薄冰将 A 脊化，因此 ψ 转换薄冰为厚冰；在辐散情况下出现开阔水。在冰形变时，冰脊和水道可以同时产生。因此，冰厚再分布函数 ψ 是冰-海耦合模式中十分重要的影响因子。

2) 冰内热力过程

太阳短波辐射穿透冰表面加热冰表层，扩大冰内卤水泡的体积，而不是减小冰厚度。这种冰内融解可有效地引起冰内热惯性作用，缩短冰的消融，推迟冰加厚。Semtner(1976) 根据这种"卤水阻尼"观点，将这种卤水泡看作一种"热库"。当表面温度超过融点(例如雪的融点为 0℃，冰取为 -0.1℃)，则热量不平衡便引起融解。另外冰底热量不平衡将引起冰底冻结或融解。考虑到雪盖的特点，整个模式可简单地分成三层。除雪外，冰又分上下两层，卤水泡集中在上层，在该层内考虑"热库"效应。雪层厚度为 h_s，温度为 T_0，两层冰温分别为 T_1 和 T_2，厚度为 $h_1/2$，每层温度计算点是网格的中点。且假定格点间温度呈线性分布，则通过冰内交界面传导的热通量为(向上为正)

$$F_1 = K_I \frac{T_2 - T_1}{h_1/2} \tag{4.23}$$

冰底热通量为

$$F_2 = K_I \frac{T_B - T_2}{h_1/4} \tag{4.24}$$

式中，T_B 为冰底面温度，Semtner(1976)取为 $-2℃$，通常取为冰点。冰表面温度为 T_1，满足交界面热通量平衡；雪表面温度 T_s 由表面通量平衡条件得到，如果没有雪，则表面温度为冰面温度。

数值模式研究中，由于计算条件的要求，往往需要更加简单的热力模式，即不显式地表示"热库"效应，因而采用参数化方法。这类模式仅包含雪厚、冰厚和表面温度三个预报量，即所谓零层模式。对于雪覆盖冰的热通量，即通过雪和冰的均匀热通量为

$$F_s = \frac{K_s(T_B - T_s)}{h_s + \dfrac{h_1 K_s}{K_I}} \tag{4.25}$$

如仅有冰则简化为

$$F_s = \frac{K_s(T_B - T_s)}{h_s + \dfrac{h_1 K_s}{K_I}} \tag{4.26}$$

为了体现穿透辐射所引起的卤水体积增加，并推迟冰上表面降温，引入参数 $\beta<1$，例如 $\beta = 0.4$，表示穿透辐射 I_0 的部分被反射掉，仅剩余的 $(1-\beta)$ 部分应用于表面能量，即相当于冰的反射率增加为

$$\alpha = \alpha_1 + \beta I_0(1 - \alpha_1) \tag{4.27}$$

引入参数 $r = 1.065$，将冰和雪热传导率 K_I 和 K_s 设为 r 倍，使冬季冰的附加增长抵消夏季额外的融解。采用这种参数化的简单模式，虽不能正确地预报冰厚的季节变化，但可以满意地预报出年平均冰厚。对于一些冰厚小于 0.25 m 的薄冰，穿透辐射和热传导的订正都可忽略。

3）耦合模式的参数化

Mellor 和 Kantha(1989)指出海冰和海洋界面的热、盐通量是边界层过程决定的。在有冰的网格中，海洋向外输送的热通量可表示为

$$F_T = -\rho_w C_p C_{Tz}(T_f - T) \tag{4.28}$$

式中，C_p 为海水的比热；T 为模式网格中上层海水的温度(在此模式中是指上海洋层的中间位置的温度)；C_{Tz} 为热传导系数，可定义为

$$C_{Tz} = \frac{u_*}{P_{rt}\ln(-z/z_0)/k + B_T} \tag{4.29}$$

$$B_T = b(z_0 u_* / v)^{1/2} P_r^{2/3} \tag{4.30}$$

式中，u_* 为摩擦速度；P_{rt} 为湍流 Prantl 数，垂直高度为 z 处的温度是 T；z_0 为粗糙长度；k 为 Karman 常数；B_T 为分子次表层修正，其中 P_r 为分子 Prantl 数；v 为动黏滞率；b 为经验常数（$b=3$）。

海洋向外的盐通量可表示为

$$F_s = (W_{AI} + W_{IW} + W_{AW})(S_1 - S) + (1 - A)S(P - E) \tag{4.31}$$

式中，S_1 为海冰的盐度（通常取 5‰）；S 为网格点上表层的盐度；$(P-E)$ 为降水减去蒸发的体积通量。与热通量相类似，盐通量也可表示为

$$F_s = - C_{Sz}(S_0 - S) \tag{4.32}$$

式中，S_0 是冰海界面的盐度。盐传导系数 C_{Sz} 定义为

$$C_{Sz} = \frac{u_*}{P_{rt}\ln(-z/z_0)/k + B_s} \tag{4.33}$$

$$B_s = b(z_0 u_* / v)^{1/2} S_c^{2/3}$$

式中，S_c 是 Schmidt 数。冰-水之间的应力为

$$\tau_w / \rho_w = \frac{ku_*}{\ln(z/z_0)}(V_i - V_w) \tag{4.34}$$

式中，V 为模式网格表层海流速度。

4.6 冰-海耦合数值模式模拟算例分析

4.6.1 渤海海冰演变模拟

采用冰-海耦合模式对渤海和黄海北部海域冬季的海冰季节演变过程进行模拟分析，大气强迫场采用 WRF 数值模式计算结果，结合海洋环境预测模式结果，模拟海冰生消过程、海冰漂移、冰厚、密集度和冰边缘线变化，并与卫星遥感海冰实测资料对比分析。

一般情况下，渤海北部的辽东湾在每年的 12 月中下旬，受到持续寒潮的影响，将有初生冰生成，之后随着冷空气的不断补充，辽东湾的海冰外缘线将不断扩大，海冰进入盛冰期，辽东湾的最大冰外缘线可扩展至 50~60 n mile；渤海湾和莱州湾在每年的 12 月下旬将有海冰生成，最大冰外缘线可扩展至 20~30 n mile，渤海主要以尼罗冰、灰冰为主，间有堆积冰。

图 4.7、图 4.8 和图 4.10、图 4.11 分别为渤海初冰期和盛冰期的海冰耦合模式模拟结果图，图 4.9 和图 4.12 为对应该时段内卫星遥感（MODIS）海冰实况图。从图中对比可以看出，海冰耦合模式基本模拟出了渤海海冰的变化和分布特征，模拟海冰范围与 MODIS 卫星遥感海冰实况图较为接近，海冰外缘线的形状与实际情况稍有差别。

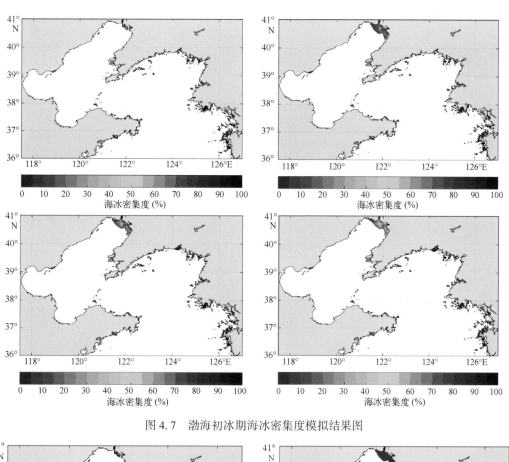

图 4.7　渤海初冰期海冰密集度模拟结果图

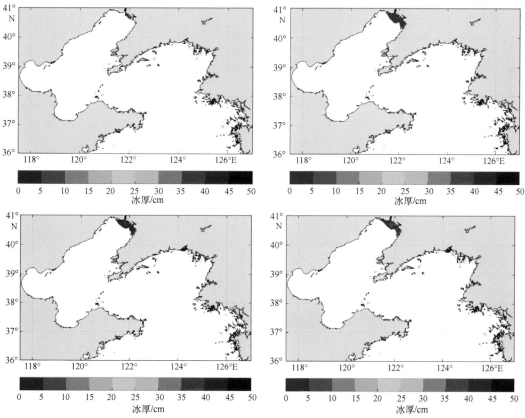

图 4.8　渤海初冰期海冰冰厚模拟结果图

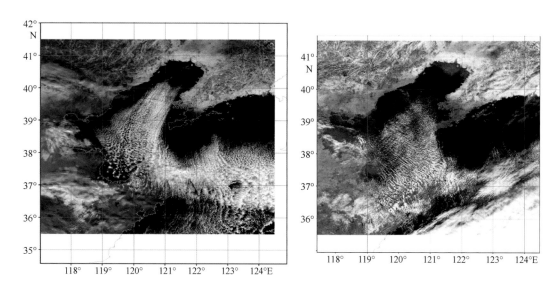

图 4.9　卫星遥感(MODIS)初冰期海冰实况图

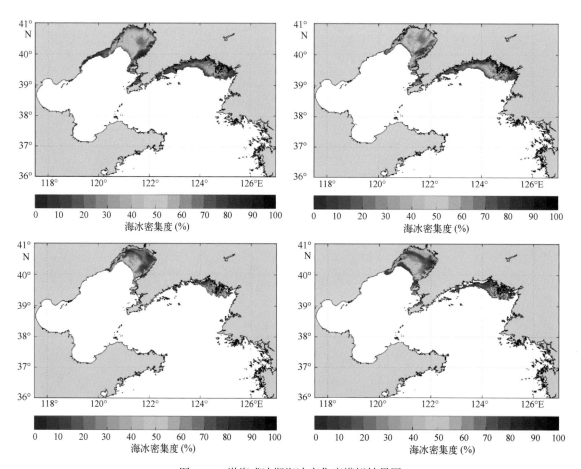

图 4.10　渤海盛冰期海冰密集度模拟结果图

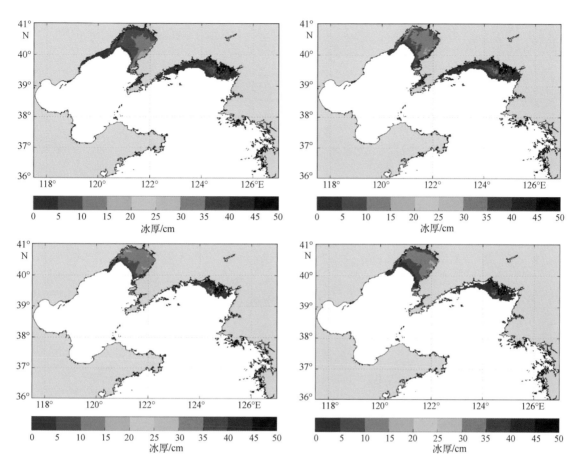

图 4.11　渤海盛冰期海冰冰厚模拟结果图

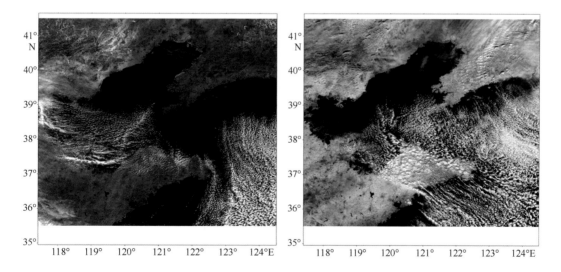

图 4.12　卫星遥感(MODIS)盛冰期海冰实况图

4.6.2 检验方法及结果

为了客观评价海冰数值预报精度，采用统计方法检验渤海海冰数值预报结果。现在我们通常采用的海冰边缘线平均误差及其预报保证率的客观检验方法如下。

海冰边缘线平均预报误差 ME：

$$ME = \frac{d \cdot \sum \text{sgn}(HF_{ij}) - \text{sgn}(HO_{ij})}{N_E} \qquad (4.35)$$

式中，N_E 为冰-水边界总的格点数；d 为计算格点面积的平方根。

$$\text{sgn}(X) = \begin{cases} 1, & X > 0 \\ 0, & X \leq 0 \end{cases} \qquad (4.36)$$

假设预报误差标准为 F_c（冰边缘线 ME 的 $F_c = 10$ n mile），若预报误差 F 低于它，即 $F \leq F_c$，即可认为预报的结果满足预报的精度标准，于是将边缘线预报保证率 GR 定义为

$$GR = \frac{\sum P_j (F \leq F_c)}{N} \qquad (4.37)$$

式中，N 为预报个例总数，即样本数。

根据上述检验方法，选择连续三年冬季 $1 \sim 7$ d 预报结果进行统计检验，模式预报海冰边缘线的误差与实际观测进行对比中可以看出，三个冬季的预报从冰期的长短可以看出，冰情是依次加重的。从海冰边缘线的平均预报误差检验来看，$1 \sim 7$ d 的海冰边缘线平均预报误差逐渐增大，主要原因在于冰-海耦合模式启动时的三维温盐初始场都是气候值，这种气候值与实际的温盐初始值存在一定的差别。融冰期海冰边缘线平均预报误差明显大于初冰期和盛冰期，说明融冰期渤海辽东湾的海冰范围变化比较剧烈，从而显著地增大了海冰数值预报的难度。

另外，利用冰-海耦合模式，对渤海海冰进行十年的长期数值模拟，将模拟的海冰初冰日、终冰日、冰期与实际观测数据对比。结果表明，模拟的初冰日平均晚 1 d，最早提前 10 d，最晚落后 7 d，初冰日误差不超过 1 周的年份达 75%；模拟的终冰日平均提前 2 d，最早提前 6 d，最晚落后 9 d，终冰日不超过 1 周的年份达 92%；模拟的冰期平均少 4 d，最大误差少 12 d，最多年份冰期多 11 d，总冰期天数不超过 1 周的年份为 50%。初冰日、终冰日和冰期都与实际非常接近，说明冰-海耦合模式能够较好再现渤海、黄海海冰的季节演变过程。

综上所述，冰-海耦合模式与以前的海冰动力-热力模式相比具有的最大优点是对于渤海初冰期的预报。初冰的预报对于沿岸水产养殖、港口航运等行业具有重要的意义。从海冰预报试验来看，该模式往往提前 $1 \sim 3$ d 甚至 $3 \sim 5$ d 就可以预报未来几天渤海会出现海冰，这种对于初冰的预报能力是以前的海冰模式所无法做到的。

4.7　总结

我国的渤海是北半球纬度最低的结冰海域之一。渤海海冰是由纯冰晶、固体盐、卤水和气泡组成的多元复相物质，有些海区还含有泥沙等杂质。海冰的出现和分布不仅由表层海水降温决定，也与水深、盐度、海水密度、冻结核和海水的湍流运动关系密切。每年秋末冬初开始结冰，次年冬末春初逐渐融冰。渤海的冰情变化和严重程度直接影响近海的水产养殖、交通运输、油气开采、海洋生态环境以及沿岸居民的生命财产安全。

我国的海冰预报开始于 20 世纪 50 年代末，正式定期发布海冰预报开始于 1969 年。海冰预报方法综合起来大致可以归纳为经验预报、数理统计预报和数值预报三类。其中，数理统计预报多用于中长期预报，数值预报多用于短期预报。

本章介绍了国内外海冰模式发展的过程，特别是针对渤海海域，海冰数值模式从单一的海冰动力学模式到冰–海耦合模式的发展过程。本章系统总结了海冰运动学、动力学，特别是流变学和海冰热力学的基本理论，结合渤海海冰观测研究和资料分析，为渤海冰–海耦合模式框架的确定提供了理论依据和参数的选取。本章采用冰–海耦合模式对渤海和黄海北部海域海冰模拟预测，从而提高渤海海冰季节模拟精度以及初生冰和终冰日的预报精度。耦合模式结果表明模拟的海冰生消过程与实际观测过程基本一致，对初冰期和盛冰期海冰范围的模拟较好，为渤海海冰数值模式业务化运行提供基础。

随着环渤海经济圈海洋经济迅猛发展，根据国际发展趋势和国内海洋工程开发、海上生产运输对防冰抗灾的迫切需求，未来渤海海冰数值预报的发展必须着力发展预报时效更强、准确率更高的多样性数值预测产品。因此，发展大气–海冰–海洋耦合模式，由中尺度海冰模式向小尺度精细化演变，是满足我国海洋经济活动特别是海洋石油开发的必然需要，也是海冰工作者的努力方向。

第 5 章　风云卫星资料在全球海洋模式中的同化应用

　　短期气候异常经常带来干旱、洪涝等灾害，给国计民生造成巨大影响。ENSO 是短期气候年代际变化中最强的信号，对我国气候异常有着重要影响（Fu，2012；Fu et al.，2011；Griffies et al.，2004；Liu et al.，2005）。研究表明，ENSO 与我国夏季气候异常有关，而且这种关系与 ENSO 事件所处的阶段有关，在 El Niño 事件的发展期往往会给我国华北地区带来干旱，给江淮流域带来洪涝；而在 El Niño 事件的衰减期又往往会带来洞庭湖、鄱阳湖、资水和沅江流域的洪涝。因此提高短期气候预测的准确性和预测能力并开展相关可预测性研究，对经济发展、政府宏观管理决策，趋利避害有着重要意义（Oke et al.，2002；Oke et al.，2007；Oke et al.，2013）。海洋模式是短期气候预测业务和研究的重要工具，其预报水平的好坏直接关系到 ENSO 等典型气候异常现象的预报（Ratheesh et al.，2014；Sakov et al.，2015；Wei et al.，2017）。但海洋模式本身在物理过程和参数化方案等方面的缺陷所带来的计算误差以及模式初始场的不确定性所带来的误差，阻碍了模式的预报水平。海洋资料同化方法通过结合观测资料和海洋模式，能有效地改善模式的预报水平。卫星遥感海表温度以其高时空分辨率、全球覆盖、实时获取以及长时间序列等优势已日益成为全球或局地海表面温度资料不可或缺的数据源。中国气象局的 FY-3 卫星自 2008 年成功发射后，提供了大量高分辨率的海表面温度产品，为提高海洋资料同化系统的预报水平提供了有利的条件。此外 T/P 和 Jason 等较长时间序列的卫星高度计资料和 QuikSCAT 卫星风场资料极大地丰富了观测资料的类型和数量。

　　资料同化最关键的问题之一是如何估计背景误差协方差矩阵，原因在于背景误差协方差矩阵不仅决定分析场中观测信息和背景信息的相对权重，而且决定了观测信息在背景场中的传递方式。本章主要结合国家气候中心的海洋资料同化业务系统，介绍资料同化方法的选取和卫星资料同化应用。气候中心的第一代海洋资料同化系统基于三维变分框架（Yan et al.，2015），该同化方法假定背景误差协方差是均匀的、各向同性的，但是这些假设很多时候在复杂的海洋模式系统中并不成立。因此随着海洋模式各组分的增加以及模式复杂程度的增强，三维变分同化方法的局限性日益凸显。集合最优插值（EnOI）是集合卡尔曼滤波的简化形式（Zhou et al.，2021），其背景误差协方差是通过集合样本统计得到的，具有空间的不均匀性以及各向异性等优点。研究结果表明，集合最优插值通过合理地选取集合样本，给出背景误差协方差矩阵的统计估计，其同化效果明显优于三维变分，尤其对年际变化的模拟更为准确。

EnOI 保持了集合卡尔曼滤波的重要优点,具有计算代价较小、多变量协调同化、便于移植和并行计算等特点,已被广泛地应用到业务化或准业务化的海洋同化系统中,如澳大利亚基于 EnOI 建立的 BLUElink 资料同化系统等。结合卫星资料提供的多源观测信息,利用更加先进的集合资料同化方法 EnOI,建立可同化多种卫星观测资料的 EnOI 同化系统,是提高国产卫星资料在气候中心业务系统的应用能力的有效途径。

主要研究内容包括:以海洋模式(MOM4)为基础,针对 FY-3 卫星产品的特性,发展 EnOI 同化方法,并开发新一代能同时同化 FY-3 多种观测产品(包括红外和微波辐射海表温度、卫星高度计资料及卫星风速资料)的 EnOI 同化系统,实现新一代海洋资料同化系统的业务化运行。

5.1　FY-3C 卫星 SST 资料融合

5.1.1　FY-3C 海温资料简介

我国早在 20 世纪 70 年代就开始发展气象卫星,截至 2021 年底已发射了 19 颗气象卫星,其中 7 颗在轨运行,分别实现了极轨卫星和静止卫星的业务化运行,是继美国、俄罗斯之后第三个同时拥有极轨气象卫星和静止气象卫星的国家(http://www.nsmc.org.cn/nsmc/cn/satellite/index.html)。FY-3C 卫星是中国风云(FY)系列气象卫星的一部分,该系列卫星始于 1988 年发射的 FY-1 卫星。与早期的 FY 卫星相比,FY-3 系列卫星配备了更先进的仪器和传感器,包括微波成像辐射计和高分辨率红外辐射计。

FY-3C 卫星收集的数据用于各种应用,包括天气预报、气候建模和环境监测。该数据也通过 CMA 的网站和其他在线平台向公众提供。FY-3C 卫星携带一系列仪器,旨在测量地球环境的各个方面,包括海洋表面温度(SST)。SST 在气候和天气模式研究中是一个重要变量,因为它影响海洋和大气之间的热量和水分交换。FY-3C 卫星装有微波辐射计,可以以 1 km 的空间分辨率和 1 d 的时间分辨率测量 SST。

除了 SST,FY-3C 卫星还测量其他变量,如大气温度、湿度、风速以及云量和降水量。我国风云系列气象卫星资料已连续提供数十年卫星遥感海表温度资料,长时间序列的积累使风云卫星对海洋观测遥感数据集从年际尺度提高到年代际尺度,从而使风云气象资料不但具备全球海洋实时监测能力,也可以用于气候事件分析和统计研究。

5.1.2　资料预处理

在卫星资料融合模块中,卫星资料的质量直接影响融合产品的精度。在卫星资料进入融合模块前,首先要确保所输入的资料没有大的误差,所以有必要对卫星遥感海表温度数据进行预处理。FY-3C 卫星海温资料的预处理主要分为以下三步。

（1）卫星资料读取和格式转换：读取 FY-3C 卫星 SST 数据，选择质量标识最好的点，其他不满足的空间点都设为无效值，然后将经过初步筛选的 SST 值写入 NETCDF 格式的文件。

（2）方差检查：针对 10°×10° 范围内的格点，去除方差超过选定空间范围内所有点平均值两个标准差的格点。

（3）质量控制：FY-3 卫星 SST 资料的质量控制程序主要包括位置判断、阈值检查和方差检查等，此外由于遥感仪器本身的限制，在陆地与海洋交界处卫星资料的误差较大，所以质量控制方案中将 200 m 以浅区域的资料剔除。

5.1.3　现场观测资料的质量控制

全球温盐剖面计划（GTSPP）提供的温度和盐度观测资料，在发布前做过初步的质量控制，但受观测气象条件和观测仪器精度等条件限制，观测资料存在不同来源的误差，在用于卫星海温资料融合之前还需要进行预处理和质量控制，并插值到 2 m 水深层，生成一套可用于 FY-3C 卫星海温资料融合的现场观测温度资料集。具体做法如下。

（1）位置检查：与地形资料比较，将 ETOPO5 地形插值到观测站点的位置，如果水深大于 200 m，认为是浅水或者陆地，将当作陆地点进行去除。

（2）观测时间检查：根据观测资料的特点，保证观测记录中测量时间是否依次递增。

（3）观测深度检查：根据观测资料的特点，保证观测记录中测量深度是否依次递增。

（4）气候阈值检查：对海洋温度在 0~35℃ 范围之外，盐度在 0~40 psu 范围之外的温、盐观测值作为极端异常值予以剔除。

（5）方差检查：针对海洋各层温度、盐度等要素应用参考数据集，去除误差方差超过阈值的数据。

（6）毛刺检验：垂向 $spike = abs[V2-(V3+V1)/2)]-abs(V1-V3)/2$，如果 $spike\_temp>2$ or $spike\_salt>0.3$ 去掉该层。V1 表示检验层的上一层，V2 表示检验层，V3 表示检验层的下一层。

5.1.4　融合产品评估

基于最优插值模块，将卫星海温资料和质量控制后的 GTSPP 表层海温资料投影到全球等经纬度网格中，生成一套 2015 年 2 月到 2016 年 12 月的 FY-3C 卫星 SST 融合产品，时间分辨率为月，空间分辨率为 0.25°。通过与美国 Reynolds 融合海温产品对比分析（图 5.1），融合后 SST 平均误差为 0.63℃。

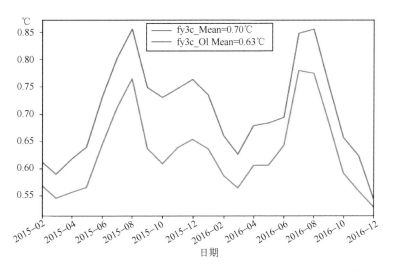

图 5.1   FY-3C 原始海温资料和融合产品相对于 Reynolds 海温融合产品的均方根误差

5.2   EnOI 全球海洋资料同化系统

5.2.1   EnOI 同化方案

资料同化是一种将观测数据与模型预测进行比较，并调整模型中的参数或者初始场，使其更接近实际情况的方法。常用的数据同化方法包括卡尔曼滤波、四维变分等。集合卡尔曼滤波是一种常用的数据同化方法，它通过不断地迭代观测和模型预测来调整模型的参数。这种方法的优点是可以较好地处理噪声和误差，并且在计算上较为简单。四维变法是另一种常用的数据同化方法，它通过最小化模型和观测之间的均方差来调整模型的参数。这种方法的优点是可以有效地抑制噪声和误差的影响，并且在计算上较为精确。在选择资料同化方法时，需要考虑到各种因素，包括数据质量、观测稀疏性、计算复杂度和精度等。只有选择合适的方法，才能在风云气象卫星资料同化应用中取得最佳效果。

EnOI 是集合卡尔曼滤波(EnKF)同化方案的简化形式。原 EnKF 中由模式向前积分所得到的动态样本在 EnOI 中被模式历史状态样本取代，而背景误差协方差矩阵则从这些预先获得的历史样本中提取。这样仅有一个样本进行模式积分，从根本上解决了计算资源的压力。同时能较好地规避 EnKF 中潜在的模式误差低估的风险。

EnOI 通过分析场和观测场中寻求的最优解计算出同化结果，在计算过程中，通过同化结果与"真实值"之间的误差达到最小值来确定权重矩阵 K。

K 的计算公式为

$$K = P^b H^T \left[H P^b H^T + R \right]^{-1} \tag{5.1}$$

式中，R 为观测误差；P^b 为背景误差。对于观测误差来讲，在一般情况下，R 是稳定的对角矩阵，所以 K 的计算主要在于对 P^b 的计算。而 P^b 是通过在样本中选取 N 个集合成员来进行背景误差协方差计算的。

P^b 的主要计算公式如下：

$$P^b = \frac{1}{N} \sum_{i=1}^{N} (x_i^b - \overline{x^b})(x_i^b - \overline{x^b})^T \tag{5.2}$$

式中，x_i^b 为集合预报计算 P^b 所使用的 N 个历史模式状态集合（第 i 个）。与 EnKF 相似，集合最优插值法 EnOI 也是使用集合样本来代表背景误差协方差矩阵，且都可以同时同化多个变量。对比 EnOI 和 EnKF，两者的不同主要有三点：EnOI 使用的是静态历史集合样本来估算背景误差协方差矩阵，而集合卡尔曼滤波法使用的是随时间不断变化的动态样本；EnOI 只需要使用 1 个集合样本进行计算，但集合卡尔曼滤波法需要使用 N 个集合样本；EnOI 只进行一次积分，而集合卡尔曼滤波法需要积分 N 次。对比这两种同化方法，EnOI 的优势在于能够大量减少计算所需要的时间，并且在气候预报的实际操作中有利于开展业务化（黄荣辉等，2002；李崇银等，1999；路泽廷等，2014；穆穆等，2005；宋家喜等，1997）；其不足是静态历史的集合样本不能随时间变化。

在集合最优插值法中，选取具有代表性的集合样本是非常重要的。自然真实的海洋有其显著的特点，比如季节循环特征、某时态的物理特征的离散状态以及气候态变率特点等。所以，在选取样本时，样本需要覆盖真实海洋的所有情况：①能够表现海洋的季节变化特点和季节性循环特征。在多数海洋变量的模拟中，季节变化对数据离散程度的影响要远大于其他因素的影响。②数据点的离散程度与真实海洋观测数据基本相似，即能够反映真实数据的差异。③气候态变率与真实数据基本相似，能够有效体现气候变化情况。所以，增大样本数量有利于反映真实的海洋情况，提高复杂多变的系统模拟效果。但同时，计算成本也会上升，现有的计算资源无法支持过大的计算量。综上所述，选取 100 个样本数量能够满足样本代表性需求，同时符合现有计算资源的计算量要求。

5.2.2　海洋模式设置

海洋同化系统的海洋模式版本为 MOM4p123，模式网格采用全球三极格点（图 5.2），就是在全球范围内存在极点，南极点位置不变，北极点分为两个，位置定义在欧亚大陆和北美大陆上，因此在北冰洋中没有了极点的存在，彻底解决了海洋中存在奇点的一系列问题。纬向分辨率约为 1°，经向分辨率在 29.5°S 至 29.5°N 之间的区域较密，从赤道地区由 1/3° 渐变至 1°，其他区域的分辨率为 1°。模式垂向分为 50 层，其中在 225 m 以上分辨率为 10 m，225 m 以下的层次呈不等距分布，深度越深，间隔越大，变幅从 11 m 增至 366 m。MOM4 模式海洋地形数据采用的是 72°S 至 72°N 之间区域卫星数据、美国 NOAA 的 5′ 全球地形数据（ETOP05）以及北冰洋世界海底地形图 IBCAO（International Bathymetric Chart of the Arctic Ocean）三者的地形融合数据，模式的最大深度能达到 5 500 m。模式利用非 Boussinesq 近似方法，Gent-McWilliams 斜扩散和 KPP（K-profile parameterization）垂直混合方案。用于模式积分的表面通量外强迫，即动力学和热力学条件，则分别采用美国国家环境预报中心（NCEP）月平均再分析资料和大气的海温驱动资料。积分过程中海表温度（SST）和盐度（SSS）分别向 Levitus 气候态 SST 和 SSS 恢复。另外，模式也考虑了来自月球影响的潮汐强迫以及气候态河流径流对盐度的影响。

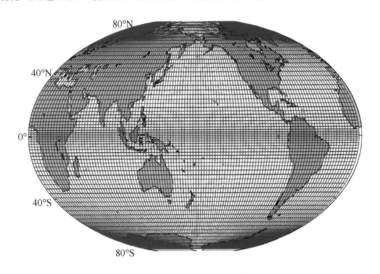

图 5.2　全球 MOM4 海洋模式网格

5.2.3　孪生试验

为了检验 EnOI 全球海洋资料同化系统的同化性能以及定量化研究同化卫星海表高度（SSH）和卫星海表温度（SST）对预报模式初始场的改善效果，我们共设计了三组同化对比实验。其中，E01 实验同化 SST，E02 实验同化 SSH，E03 实验同时同化 SST 和 SSH。模式的积分时间是 2005 年 1 月 1 日到 2006 年 12 月 31 日，前一年（1—12 月）是同化结果，后一年（13—24 月）作为预报结果（表 5.1）。初始场是用 1970 年 1 月 1 日的结果作为含有误差的初始场；观测资料是由孪生试验生成的 SSH 和 SST，范围在 60°S 到 60°N，每隔 4 个点选取一个。集合样本是由 1995—2014 年每隔 30 天取一个样本，共 100 个静态样本；局地化参数方案是水平方向 4 个网格，相当于 4×110 km，垂直方向是 2 000 m。协方差膨胀系数为 1.21。

表 5.1　控制实验和三组同化预报实验同化的观测资料和积分时间

实验	海表温度	海表高度	同化（月）	非同化（月）
CTRL	无	无	无效值	1~24
E01	有	无	1~12	13~24
E02	无	有	1~12	13~24
E03	有	有	1~12	13~24

从同化后各变量的 RMSE 随时间变化曲线来看(图 5.3),整体的均方根误差在起始的 2~3 个月之内下降最快,且表层比深层下降得快。在 500~1 500 m 深度内温盐在整个同化时间段内不断下降,这表示需要更长的同化时间。对于不同变量来讲,同化 SST 对 SST 表现好,但对 SSH 不利;同化 SSH 对 SSH 表现好,但对 SST 不利。这是因为 SSH 和 SST 之间的关系是不确定的。而对于盐度来讲,同化海表温度和海表高度,模拟结果都有所提高。联合同化卫星 SST 和 SSH 的效果明显优于只单独同化一种卫星。

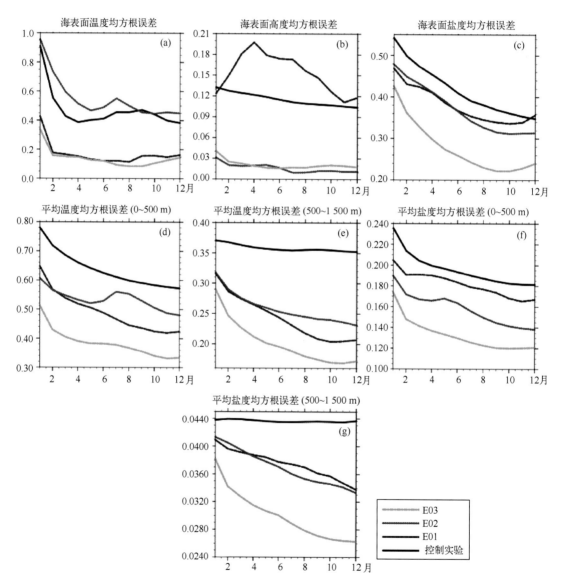

图 5.3　海表面温度(SST)(a)、海表面高度(SSH)(b)和海表面盐度(SSS)(c)均方根误差;0~500 m 平均温度(d)和平均盐度(f)均方根误差;500~1 500 m 平均温度(e)和平均盐度(g)的均方根误差随时间的变化

5.3　卫星实际同化试验

为了检验 EnOI 同化系统的稳定性和可靠性，采用 2015 年 2 月至 2016 年 12 月月平均的 SST 资料作为同化资料，进行实际的同化试验（张人禾等，2003；周广庆等，1998）。首先将 MOM4_L40 海洋模式从静态启动，开始 spin-up 运行，采用美国国家环境预报中心（NCEP）逐月平均的再分析资料作为模式积分的外强迫场，spin-up 运行 100 年数据，模式达到稳定状态。

为了对比同化试验的效果，分别开展了控制试验和同化试验。两个试验均选用以模式达到稳定状态积分最后一年的模式结果为初值，采用每日 4 次的 NCEP 大气资料驱动，从 2015 年 2 月到 2016 年 12 月进行积分，在积分过程中海洋表面温度（SST）和盐度（SSS）向 Levitus 气候态 SST 和 SSS 恢复。控制试验是单独海洋模式试验，不同化观测资料，作为同化试验的比对标准。同化试验是采用 EnOI 方法同化 FY-3C 逐日资料，对海洋模式初始场进行同化调整，与海洋模式共同完成的试验，同化时间窗口为 7 d。

采用 EnOI 方法，静态样本的选择对同化分析效果有比较重要的影响。选取的样本越多，样本平均值与分析时刻的状态场越接近越好，样本的离散程度与状态变量的自然变率越接近越好。背景场误差协方差由有限样本统计得到，与实际的背景场误差协方差越接近，分析结果越理想。但随着样本数的增加，会导致对计算系统的内存和计算资源需求大幅增加。同化试验结果表明 100 个左右的静态样本同化效果较好，而且计算成本在可接受的范围之内。所以年代际同化试验取前 100 个月每月月中一天日平均模式状态场作为同化试验的静态样本。

同化试验程序载体由同化模块和海洋模式两部分组成，并按照顺序交替执行（图 5.4），主要步骤如下。

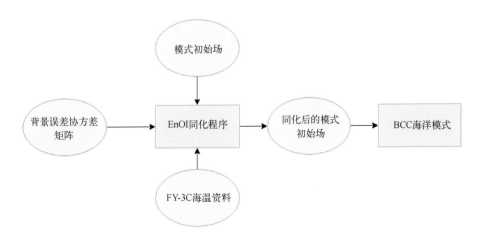

图 5.4　FY-3C 实际同化试验流程图

（1）将 MOM4_L40 模式达到稳定状态的结果和相应时刻的观测场输入 EnOI 同化系统，进行同化，生成同化后的 MOM4_L40 模式初始场。

（2）使用第（1）步生成的初始场启动 MOM4_L40 模式，模式向前进行 1 个月的积分，生成月平均海洋数据和下一个月的初始场。

（3）将第（2）步生成的初始场和相应时刻的观测场输入 EnOI 同化系统，进行同化，生成同化后的 MOM4_L40 模式初始场。

（4）重复（2）至（3）步，交替向前积分，直至模式积分至 2008 年 12 月。

5.3.1 同化验证资料集

早在 20 世纪 80 年代，美国的 Levitus 提出应用客观分析方法，将历史上的全球海洋常规观测手段获得的散点资料构建成气候态的网格资料，极大地推动了全球海洋资料的应用和研究。Argo 作为全球海洋资料重要的观测资料来源，国际上先后有多个海洋机构研制和发布了 Argo 网格数据产品，取得了一系列研究成果，显著提高 Argo 资料的应用水平。这里选用自然资源部第二海洋研究所发布的 BOA_ARGO 三维网格化温度和盐度资料（2004 年至今）作为评估同化试验结果好坏的验证资料集，该数据月平均产品的网格分辨率为 1°。BOA_ARGO 采用 Barnes 逐步订正法和中国 ARGO 实时资料中心提供的全球海洋区域内的 Argo 温、盐剖面资料，并利用 Argo 剖面混合层内温、盐度的线性拟合来反推对应的表层温度和盐度，构建全球海洋三维网格温、盐产品（周广庆等，1998）。为了与国外再分析资料做对比，本节选取了美国的全球再分析资料 GODAS（https：//www.cpc.ncep.noaa.gov/products/GODAS/），空间分辨率约为 1°。此外，美国卫星融合海温资料 OISST（https：//www.ncei.noaa.gov/products/optimum-interpolation-sst）用于验证同化试验结果的好坏。

5.3.2 同化试验结果评估

基于 EnOI 海洋资料系统，通过同化 FY-3C 卫星 SST 资料、AVISO 卫星高度计资料和温盐廓线资料，产生一套 2015 年 2 月到 2016 年 12 月的同化产品，时间分辨率为月。通过与 Argo 温盐观测资料对比分析，同化前的上层 2 000 m 海温与观测资料的均方根误差在 1.8℃ 以上，同化以后误差显著下降，平均海温误差水平接近美国 GODAS 产品。同化前的海洋模拟盐度误差为 0.46 psu，同化以后模拟的盐度得到持续下降，同化以后的盐度误差比美国 GODAS 产品要小（图 5.5）。

控制试验和同化试验在 2016 年全球平均 SST 空间分布形势基本一致（图 5.6）。在全球范围内，海表温度在赤道热带区域最暖，随纬度增加向两极递减，对赤道西太平洋暖池和东太平洋冷舌均有较好体现。同化试验对赤道太平洋区域东西向温度梯度的模拟更明显，28℃ 等温线暖池区域模拟也更加合理，冷舌西伸的现象得到缓解。印度洋暖池区域海温的模拟效果比同化前有改善。

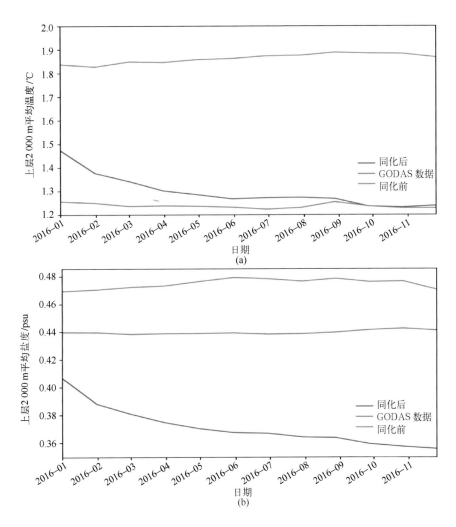

图 5.5　同化前（CTRN）、同化后（ASSIM）和美国 GODAS 的上层 2 000 m 温度（a）和
盐度（b）相对于 Argo 格点化产品的均方根误差

　　通过分析控制试验、同化试验全球平均 SST 与观测的偏差分布（图 5.7），发现控制试验赤道东太平洋冷舌与观测结果相比偏高达到 3℃以上，西北太平洋区域和西北大西洋区域比观测结果低了 3℃左右[图 5.7（a）]，同化以后，模式较好地克服了这些问题。同化结果与观测结果更为接近，尤其是赤道东太平洋区域。在赤道西太平洋、太平洋中高纬区域、赤道印度洋区域改善也非常明显。由于海洋模式网格分辨率不够，模式不能反映沿岸地形变化，导致沿岸区域的海温模拟结果偏差较大，其他区域经过同化以后，与观测的偏差基本在 1℃以内[图 5.7（b）]。

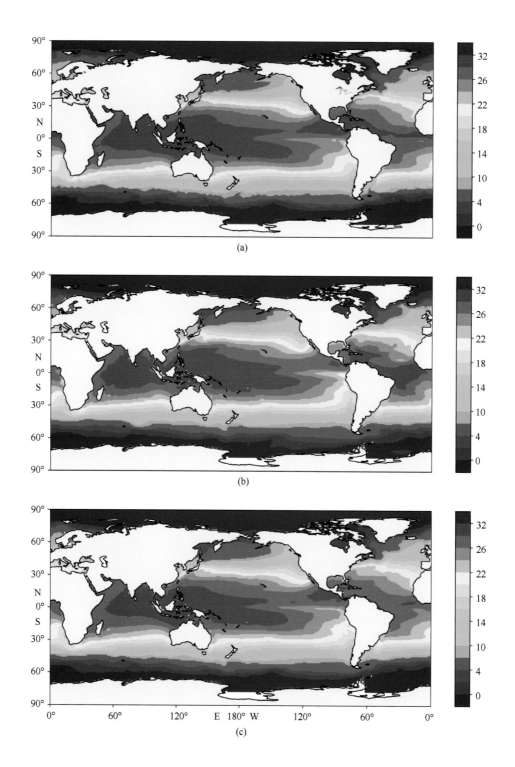

图 5.6　全球平均 SST 分布(2016 年)(单位:℃)

(a)观测(OISST);(b)控制试验(CTRN);(c)同化试验(ASSIM)

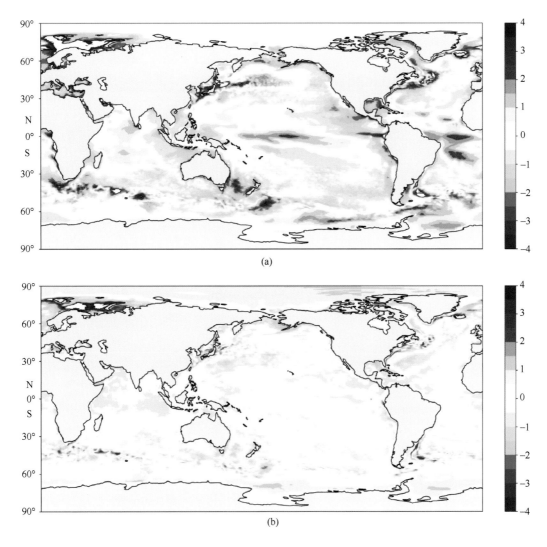

图 5.7　全球平均 SST 偏差分布（2016 年）（单位：℃）

(a) 控制试验（CTRN-OISST）；（b）同化试验（ASSIM-OISST）

　　图 5.8(a)、(b)分别给出了控制试验、同化试验与观测 SST 的均方根误差分布。控制试验南北纬60°之间 SST 均方根误差都小于1℃；在赤道西太平洋、西北太平洋、大西洋西北部、南大洋等海域较大，达到3℃以上。经过同化后，效果得到较大改善，以上几个区域均方根误差高值区范围明显减小，大部分降低到1℃以下。中国东部沿海区域、美国东北部沿海区域、赤道西太平洋和南大洋部分小块区域误差仍较大，这主要是因为海洋模式网格分辨率太粗或者该区域可获得的同化观测资料较少。

　　同化试验通过同化 FY-3C 海温资料，EnOI 海洋资料同化系统可以改善表层和次表层海温，有效地检验了系统的稳定性和可靠性，该系统对卫星 SST 资料具有很好的同化能力。

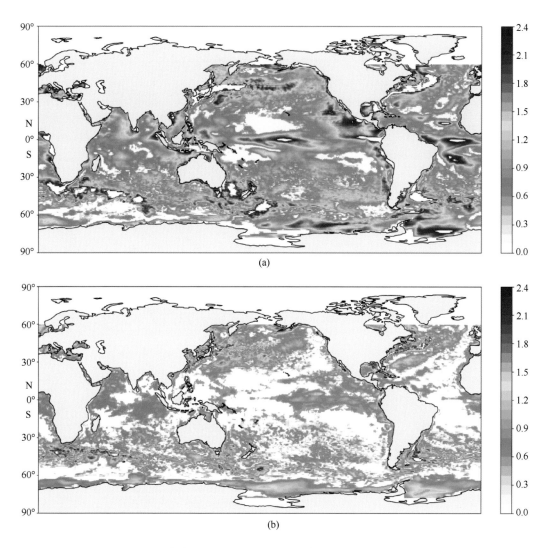

图 5.8　全球平均 SST 均方根误差分布(2016 年)(单位:℃)
(a)控制试验(CTRN-OISST)；(b)同化试验(ASSIM-OISST)

5.4　总结

　　风云气象卫星资料可以用于气候研究、气象预报和环境监测等领域，可以了解全球气候变化趋势，为更准确地预测天气情况和保护海洋资源等方面提供重要的信息支持。除了选择合适的数据同化方法之外，在风云气象卫星资料同化应用中需要注意以下因素。

　　(1)需要确保数据质量达到可接受的水平。在进行数据同化时，观测数据的质量直接影响着结果的准确性，因此需要对风云气象卫星资料进行清洗和校正，以确保数据质量达到可接受的水平。

　　(2)需要考虑观测稀疏性的影响。由于风云气象卫星资料的覆盖范围广，因此对于某些特定区域可能存在观测稀疏的情况，这可能会影响同化的精度。在进行数据同化时，需要考虑如何有效地处理观测稀疏的情况，以确保结果的准确性。

（3）还需要注意数据处理能力的限制。由于风云气象卫星资料更新频率较高，因此在同化过程中需要考虑如何有效地处理大量的数据。在进行数据同化时，需要注意模型的计算能力，并确保能够有效地处理数据。

通过合理地选择数据同化方法，保证数据质量，处理观测稀疏的情况和提升数据处理能力，可以在全球海洋模式中有效地使用风云气象卫星资料，为海洋研究和决策提供更加科学和准确的依据。

参 考 文 献

白珊，刘钦政，李海，等，1999. 渤海的海冰. 海洋预报，16（3）：1-9.

白珊，吴辉碇，1998. 渤海的海冰数值预报. 气象学报，56（2）：139-153.

蔡树群，王文质，1999. 南海冬、夏季环流的三维数值模拟. 海洋学报，21（2）：27-33.

柴扉，汪景庸，1990. 东海风暴潮与天文潮的非线性相互作用. 青岛海洋大学学报，20（3）：56-62.

陈长胜，秦曾灏，1985. 江浙沿海模型台风风暴潮的数值模拟. 山东海洋学院学报，15（1）：11-18.

陈孔沫，1994. 一种计算台风风场的方法. 热带海洋，13（2）：41-48.

陈烈庭，1977. 东太平洋赤道地区海水温度异常对热带大气环流及我国汛期降水的影响. 大气科学，1（1）：1-12.

邓树奇，1985. 渤海海冰特征. 海洋预报服务，2（2）：73-75.

丁文兰，刘凤树，1987. 渤海台风风暴潮的数值模拟以及黄河口附近台风风暴潮的数值估算. 海洋与湖沼，18
（5）：481-490.

丁一汇，李清泉，李维京，等，2004. 中国业务动力季节预报的进展. 气象学报，62（5）：598-612.

丁裕国，程正泉，程炳岩，2002. MSSA-SVD 典型回归模型及其用于 ENSO 预报的试验. 气象学报，60（3）：
361-369.

冯士筰，1982. 风暴潮导论. 北京：科学出版社.

付庆军，2010. 渤海湾温带风暴潮数值计算模式的研究与应用. 天津大学.

顾薇，李崇银，2010. IPCC AR4 中海气耦合模式对中国东部夏季降水及 PDO、NAO 年代际变化的模拟能力分析.
大气科学学报，33（4）：401-411.

郭可彩，商杰，黎舸，等，2011. 2009—2010 年冬季渤海及黄海北部冰情分析. 海洋预报，28（2）：37-42.

胡欣，景华，王福侠，等，2005. 渤海湾风暴潮天气系统及风场结构个例分析. 气象科技，33（3）：235-239.

黄大吉，陈宗铺，苏纪兰，1996a. 三维陆架海模式在渤海中的应用 I. 潮流、风生环流及其相互作用. 海洋学报，
18（5）：1-13.

黄大吉，苏纪兰，陈宗铺，1996b. 三维陆架海模式在渤海中的应用 II. 温度的季节性变化. 海洋学报，18（6）：
8-17.

黄华，朱建荣，吴辉，2007. 长江口与杭州湾风暴潮三维数值模拟. 华东师范大学学报，4（11）：9-19.

黄荣辉，周连童，2002. 我国重大气候灾害特征、形成机理和预测研究. 自然灾害学报，11（1）：1-9.

季顺迎，王安良，米丽丽，等，2015. 海冰动力过程的改进离散元模型及在渤海的应用. 海洋学报，37（05）：
54-67.

江崇波，江帆，2013. 渤海海冰灾害监测预警及防灾减灾的思考. 海洋开发与管理，30（2）：20-22.

李崇银，穆明权，1999. 厄尔尼诺的发生与赤道西太平洋暖池次表层海温异常. 大气科学，23（5）：513-521.

李海，白珊，张占海，等，1999. 渤海潮汐对冰作用的数值模拟. 海洋预报，16（3）：39-47.

李海，季顺迎，沈洪道，等，2008. 海冰动力学的混合拉格朗日-欧拉数值方法. 海洋学报，30(2)：1-11.

李欢，陈学恩，宋丹，2011. 吕宋海峡 M2 内潮生成与传播数值模拟研究. 中国海洋大学学报，41(1/2)：16-24.

李燕，黄振，2007. 对"麦莎"路径及造成黄渤海域大风浪的数值模拟. 气象科技，35(2)：175-179.

李云川，张迎新，王福侠，等，2005. 2003 年 10 月风暴潮的形成及数值模拟分析. 气象，31(11)：15-18.

李志军，2010. 渤海海冰灾害和人类活动之间的关系. 海洋预报，27(1)：8-12.

李志军，隋吉学，严德成，等，1989. 辽东湾平整固定冰冰温及其他物理性质的测定与分析. 海洋学报(中文版)，11(4)：525-532.

刘钦政，白珊，黄嘉佑，等，2004a. 一种冰-海洋模式的热力耦合方案. 海洋学报，26(6)：13-21.

刘钦政，黄嘉佑，白珊，等，2004b. 渤海冬季海冰气候变异的成因. 海洋学报，26(2)：11-19.

刘钦政，黄嘉佑，白珊，等，2000. 全球冰-海洋耦合模式的海冰模拟. 地学前缘，7(B08)：219-230.

刘钦政，2000. 全球气候研究冰-海洋耦合模拟的研究. 北京大学地球物理系.

刘钦政，1998. 用于气候研究的海冰模式. 青岛海洋大学.

刘煜，白珊，刘钦政，等，2005. 质点-网格海冰模式在渤海的数值预报试验. 海洋预报，22(S1)：35-43.

刘煜，2013. 渤海海冰数值预报关键技术研究与应用. 中国海洋大学.

刘煜，吴辉碇，2017a. 渤、黄海的海冰. 海洋预报，34(3)：94-101.

刘煜，吴辉碇，2017b. 海冰动力学. 海洋预报，34(5)：99-110.

刘煜，吴辉碇，2018. 海冰热力学. 海洋预报，35(3)：88-97.

刘煜，吴辉碇，张占海，等，2006. 基于质点-网格模式的海冰厚度变化过程数值模拟. 海洋学报，28(2)：14-21.

娄安刚，王学昌，于宜法，等，2000. 蒙特卡罗方法在海洋溢油扩展预测中的应用研究. 海洋科学，24(5)：7-9.

路泽廷，朱江，符伟伟，等，2014. 全球海洋资料同化系统 ZFL_GODAS 的研制和初步评估试验. 气候与环境研究，19(3)：321-331.

穆穆，段晚锁，2005. 条件非线性最优扰动及其在天气和气候可预报性研究中的应用. 科学通报，50(24)：2695-2701.

宋家喜，王彰贵，1997. El Niño 现象预测途径的重要进展——1997—1998 年将发生 El Niño 现象. 科学通报，42(22)：2462-2463.

苏洁，2001. 冰-海洋相互作用及渤海耦合模式研究. 青岛海洋大学.

苏洁，吴辉碇，刘钦政，等，2005a. 渤海冰-海洋耦合模式 I：模式合参数研究. 海洋学报，27(1)：19-26.

苏洁，吴辉碇，刘钦政，等，2005b. 渤海冰-海洋耦合模式 II：个例试验. 海洋学报，27(2)：18-28.

王昆，刘潘，金生，等，2017. 基于热力学过程的渤海海冰生消模型. 水科学进展，28(01)：116-123.

王培涛，董剑希，赵联大，等，2010. 黄渤海精细化温带风暴潮数值预报模式研究及应用. 海洋预报，27(4)：1-8.

王仁树，刘旭世，张立锟，1984. 渤海海冰的数值试验. 海洋学报，6(5)：572-580.

王勇智，江文胜，2007. 渤、黄、东海悬浮物质量浓度冬、夏季变化的数值模拟. 海洋科学进展，25(1)：28-33.

王志联，吴辉碇，1994. 海冰的热力过程及其动力过程的耦合模拟. 海洋与湖沼，25(4)：408-415.

魏敏，2017. 基于 BCC 气候系统模式的年代际预测研究. 清华大学.

吴辉碇，白珊，张占海，1998. 海冰动力学过程的数值模拟. 海洋学报，20(2)：1-13.

吴辉碇，1991. 海冰的动力-热力过程的数学处理. 海洋与湖沼，22（4）：321-328.

吴培木，许永水，李燕初，等，1981. 台湾海峡台风风暴潮非线性数值计算. 海洋学报，3（1）：28-43.

闫丽凤，江文胜，周淑玲，等，2008. 0703 温带气旋特大风暴潮数值模拟对比分析. 应用气象学报，19（5）：595-601.

杨国金，1999. 渤海海冰特征. 海洋预报，（16）3：10-20.

杨世莹，白珊，1991. 短期海冰数值预报应用的研究. 海洋预报，8（4）：1-11.

杨晓君，何金海，吕江津，等，2010. 对一次温带气旋引发渤海风暴潮过程的数值模拟. 气象与环境学报，26（4）：61-65.

尹宝树，王涛，侯一筠，等，2001. 渤海波浪和潮汐风暴潮相互作用对波浪影响的数值研究. 海洋与湖沼，32（1）：109-116.

于福江，张占海，2002. 一个东海嵌套网格台风风暴潮数值预报模式的研制与应用. 海洋学报，24（4）：23-33.

张方俭，费立淑，1994. 我国的海冰灾害及其防御. 海洋通报，13（5）：77-85.

张方俭，1982. 我国的海冰. 中国航海，2：63-72.

张敏，陈钰祥，赵雪，等，2015. 台风移动方向和速度对湛江市沿海风暴潮影响的数值分析. 海洋预报，32（5）：45-52.

张明元，隋吉学，严德成，等，1993. 渤海海冰对直立桩柱的作用力. 海洋与湖沼，24（2）：132-136.

张娜，2012. 渤海海冰预报及三维数值模拟研究. 天津大学.

张人禾，周广庆，巢纪平，2003. ENSO 动力学与预测. 大气科学，27（4）：674-688.

张越美，孙兰英，2001. ECOM 模型在丁字湾的应用. 青岛海洋大学学报，31（5）：659-664.

赵亮，魏皓，2001. 渤海垂直湍流混合强度季节变化的数值模拟. 青岛海洋大学学报，31（3）：313-318.

周广庆，李旭，曾庆存，1998. 一个可供 ENSO 预测的海气耦合环流模式及 1997/1998 ENSO 的预测. 气候与环境研究，3（4）：349-357.

周水华，李远芳，冯伟忠，等，2010. "0601"号台风控制下的广东近岸浪特征. 海洋通报，29（2）：130-134.

朱耀华，方国洪，1993. 一种二维和三维嵌套海洋流体动力学数值模式及其在北部湾潮汐和潮流数值模拟中的应用. 海洋与湖沼，24（2）：117-125.

AKPINAR A, VLEDDER G, KOMURCU M, et al., 2012. Evaluation of the numerical wave model (SWAN) for wave simulation in the Black sea. Continental Shelf Research, 50：80-99.

BACKHAUS J O, 1983. A semi-implicit scheme for the shallow water equations for application to shelf sea modelling. Continental Shelf Research, 2（4）：243-254.

BACKHAUS J O, 1985. A three-dimensional model for the simulation of shelf sea dynamics. Deutsche Hydrografische Zeitschrift, 38（4）：165-187.

BACKHAUS J O, HAINBUCHER D, 1987. A finite difference general circulation model for shelf seas and its application to low frequency variability on the North European Shelf. Elsevier Oceanography Series, 45：221-244.

BI F, SONG J B, WU K J, et al., 2015. Evaluation of the simulation capability of the WAVEWATCH-Ⅲ model for Pacifific ocean wave. Acta Oceanologica Sinica, 34（9）：43-57.

BJERKNES V, 1921. On the dynamics of the circular vortex with applications to the atmosphere and atmospheric vortex and wave motions. I Kommission Hos Cammermeyers Bokhandel.

BLUMBERG A F, MELLOR G L, 1987. A description of a three-dimensional coastal ocean circulation model. Three-Dimensional Coastal Ocean Models, 4(1): 1-16.

BODE L, HARDY T A, 1997. Progress and recent developments in storm surge modeling. Journal of Hydraulic Engineering, 123(4): 315-331.

BOTTEMA M, VLEDDER G V, 2008. Effective fetch and non-linear four-wave interactions during wave growth in slanting fetch conditions. Coastal Engineering, 55(3): 261-275.

BRYAN K, MANABE S, PACANOWSKI R L, 1975. A global ocean-atmosphere climate model. part II: the oceanic circulation. Journal of Physical Oceanography, 5(1): 30-46.

BURCHARD H, 2002. Applied turbulence modelling in marine waters. Springer Science and Business Media.

CAIRES S, SWAIL V R, WANG X L L, 2006. Projection and analysis of extreme wave climate. Journal of Climate, 19 (21): 5581-5605.

CAMPBELL W J, 1965. The wind driven circulation of ice and water in a polar ocean. Journal of Geophysical Research, 70 (14): 3279-3301.

CAO X F, SHI H Y, SHI M C, et al., 2017. Model-simulated coastal trapped waves stimulated by typhoon in northwestern South China sea. Journal of Ocean University of China, 16(06): 965-977.

CHEN B, CHEN X Y, DONG D X, et al., 2015. Analysis of the influence of water level change in Guangxi nearshore caused by typhoon landed in the north of Beibu gulf. Guangxi Sciences, 22(03): 245-249.

CHEN C, BEARDSLEY R C, COWLES G, et al., 2012. An unstructured-grid, finite-volume community ocean model FVCOM user manual (3rd edition). Cambridge, MA, USA: Sea Grant College Program, Massachusetts Institute of Technology.

CHEN C, HUANG H, BEARDSLEY R C, et al, 2003. An unstructured grid, finite-volume, three-dimensional, primitive equations ocean model: application to coastal ocean and estuaries. Journal of Atmospheric and Oceanic Technology, 20(1): 159-186.

CHEN C, LIU H, BEARDSLEY R, 2003. An unstructured grid, finite-volume, three-dimensional, primitive equations ocean model: application to coastal ocean and estuaries. Journal of Atmospheric and Oceanic Technology, 20(1): 159-186.

CHEN C S, HUANG H, BEARDSLEY R C, et al., 2007. A finite-volume numerical approach for coastal ocean circulation studies: comparisons with finite difference models. Journal of Geophysical Research: Oceans, 112 (C03018): 1-34.

CHEN C S, LIU H, BEARDSLEY R C, 2003. An unstructured, finite-volume, three-dimensional, primitive equation ocean model: application to coastal ocean and estuaries. American Meteorological Society, 20(1): 159-186.

CHEN Y P, XIE D M, ZHANG C K, et al., 2013. Estimation of long-term wave statistics in the East China sea. Journal of Coastal Research, 65: 177-182.

CHU P C, CHENG K F, 2008. South China sea wave characteristics during typhoonMuifa passage in winter 2004. Journal of Oceanography, 64: 1-21.

CHU P C, QI Y, CHEN Y, et al., 2004. South China sea wind-wave characteristics. Part 1: validation of WAVEWATCH-III using TOPEX/Poseidon data. Journal of Atmospheric and Oceanic Technology, 21(11): 1718-1733.

COON M D, MAYKUT S A, PRITCHARD R S, et al., 1974. Modeling the pack ice as an elastic-plastic material. Aidjex Bull, 24: 1-105.

CUI H, HE H L, LIU X H, et al., 2012. Effect of oceanic current on typhoon-wave modeling in the East China sea. Chinese Physics B, 21(10): 109201.

DE DOMINICIS M, PINARDI N, ZODIATIS G, et al., 2013. MEDSLIK-II, a lagrangian marine surface oil spill model for short-term forecasting Part 1: theory. Geoscientific Model Development, 6(6): 1851-1869.

DELVIGNE G, SWEENEY C, 1988. Natural dispersion of oil. Oil and Chemical Pollution, 4(4): 281-310.

DIETRICH J C, TANAKA S, WESTERINK J J, et al., 2012. Performance of the unstructured-mesh, SWAN+ ADCIRC model in computing hurricane waves and surge. Journal of Scientific Computing, 52: 468-497.

DING Y, YAO Z G, ZHOU L L, et al., 2020. Numerical modeling of the seasonal circulation in thecoastal ocean of the Northern South China sea. Frontiers of Earth Science, 14: 90-109.

DIVINSKY B V, KOSYAN R D, 2017. Spatiotemporal variability of the Black sea wave climate in the last 37 years. Continental Shelf Research, 136: 1-19.

DUKHOVSKOY D S, MOREY S L, 2011. Simulation of the hurricane Dennis storm surge and considerations for vertical resolution. Natural Hazards, 58: 511-540.

EBERT E E, CURRY J A, 1993. An intermediate one-dimensional thermodynamic sea ice model for investigating ice-atmosphere interactions. Journal of Geophysical Research: Oceans, 98(C6): 10085-10109.

EBERT E E, SCHRAMM J L, CURRY J A, 1995. Disposition of solar radiation in the sea ice and upper ocean. Journal of Geophysical Research: Oceans, 100(C8): 15965-15975.

FAN Y, LIN S J, HELD I M, et al., 2012. Globalocean surface wave simulation using a coupled atmosphere-wave model. Journal of Climate, 25(18): 6233-6252.

FAY J A, 1969. Oil on the sea. New York: Plenum Press.

FELZENBAUM A I, 1961. The theory of steady drift of ice and the calculation of the long period mean drift in the central part of the Arcticbasin. Problems of the North, 2: 5-15.

FLATO G M, HIBLER W D, 1992. Modeling pack ice as a cavitating fluid. Journal of Physical Oceanography, 22(6): 626-651.

FUJITA T, 1952. Pressure distribution within typhoon. Geophysical Magazine, 23(1952): 437-452.

FU W W, 2012. Altimetric data assimilation by EnOI and 3Dvar in a tropical pacific model: impact on the simulation of variability. Advances in Atmospheric Sciences, 29(4): 823-837.

FU W W, ZHU J, 2011. Effects of sea level data assimilation by ensemble optimal interpolation and 3d variational data assimilation on the simulation of variability in a tropical pacific model. Journal of Atmospheric and Oceanic Technology, 28(12): 1624-1640.

GABISON R, 1987. A thermodynamic model of the formation, growth and decay of first-year seaice. Journal of Glaciology, 33(113): 105-119.

GALLAGHER S, GLEESON E, TIRON R, et al., 2016. Wave climate projections for Ireland for the end of the 21'st century including analysis of EC-earth winds over the North Atlantic ocean. International Journal of Climatology, 36(14): 4592-4607.

GALLAGHER S, TIRON R, DIAS F, 2014. A long-term nearshore wave hindcast for Ireland: Atlantic and Irish sea coasts (1979—2012) present wave climate and energy resource assessment. Ocean Dynamics, 64: 1163-1180.

GRIFFIES S M, HARRISON M J, PACANOWSKI R C, et al., 2004. A technical guide to MOM4. GFDL Ocean Group Technical Report, 5(5): 371.

GUO D L, LI R, ZHAO P, 2021. The long-term trend of bohai sea ice in different emission scenarios. Acta Oceanologica Sinica, 40: 100-118.

GUO L L, PERRIE W, LONG Z C, et al., 2018. The impacts of climate change on the autumn North Atlantic wave climate. Atmosphere-Ocean, 53(5): 491-509.

HAKKINEN S, MELLOR G L, 1992. Modeling the seasonal variability of a coupled Arctic ice-ocean system. Journal of Geophysical Research, 97(C12): 20285-20304.

HAKKINEN S, 1995. Seasonal simulation of the southern ocean coupled ice-ocean system. Journal of Geophysical Research, 100(C11): 22733-22748.

HANSEN W, 1956. Theorie zur errechnung des wasserstandes und der strömungen in randmeeren nebst anwendungen. Tellus, 8(3): 287-300.

HANSON J L, JENSEN R E, 2004. Wave system diagnostics for numerical wave models. In 8th International Workshop on Wave Hindcasting and Forecasting, Oahu, Hawaii, 231-238.

HASSELMANN K, 1962. On the non-linear energy transfer in a gravity wave spectrum, Part 1. general theory. Journal of Fluid Mechanics, 12(4): 481-500.

HASSELMANN K, 1963a. On the non-linear energy transfer in a gravity-wave spectrum: Part 2. conservation theorems. Journal of Fluid Mechanics, 15(2): 273-281.

HASSELMANN K, 1963b. On the non-linear energy transfer in a gravity-wave spectrum: Part 3. evaluation of the energy flux and swell-sea interaction for a Neumann spectrum. Journal of Fluid Mechanics, 15(3): 385-398.

HASSELMANN S, HASSELMANN K, ALLENDER J H, et al., 1985. Computations and parameterizations of the non-linear energy transfer in a gravity-wave spectrum, Part 2: parameterizations of the non-linear energy transfer for application in wave models. Journal of Physical Oceanography, 15(11): 1378-1391.

HEAPS N S, 1973. Three-dimensional numerical model of the Irish sea. Geophysical Journal International, 35(1-3): 99-120.

HEAPS N S, 1983. Hydrodynamic model of a stratified sea. Coastal Oceanography. NATO Conference Series, 11: 43-64.

HE H L, SONG J B, BAI Y, et al., 2018. Climate and extrema of ocean waves in the East China sea. Science China Earth Sciences, 61(7): 980-994.

HE H L, XU Y, 2016. Wind-wave hindcast in the Yellow sea and the Bohai sea from the year 1988 to 2002. ActaOceanologica Sinica, 35: 46-53.

HERSBACH H, 2010. Comparison of C-band scatterometer CMOD5. N equivalent neutral winds with ECMWF. Journal of Atmospheric and Oceanic Technology, 27(4): 721-736.

HERSBACH H, STOFFELEN A, HAAN S D, 2007. An improved C-band scatterometer ocean geophysical model function: CMOD5. Journal of Geophysical Research: Oceans, 112: C03006.

HERTERICH K, HASSELMANN K, 1980. A similarity relation for the non-linear energy transfer in a finite-depth gravity-wave spectrum. Journal of Fluid Mechanics, 97(1): 215-224.

HIBLER W D, 1974. Differential sea ice drift II: comparison of mesoscale stain measurements to linear drift theory predictions. Journal of Glaciology, 13(69): 457-471.

HIBLER W D, 1979. A dynamic thermodynamic sea ice model. Journal ofPhysical Oceanography, 9(4): 817-846.

HIBLER W D, 1980. Modeling a variable thickness sea ice cover. MonthlyWeather Review, 108(12): 1943-1973.

HIBLER W D, BRYAN K, 1987. A diagnostic ice-ocean model. Journal of Physical Oceanography, 17(7): 987-1015.

HIBLER W D, TUCKER W B, 1979. Some results from a linear viscous model of the Arctic ice cover. Journal of Glaciology, 22(87): 293-304.

HOLLAND G J, 1980. An analytic model of the wind and pressure profiles in hurricanes. Monthly Weather Review, 108 (8): 1212-1218.

HUANG H, CHEN C L, COWLES G W, et al., 2008. FVCOM validation experiments: comparisons with ROMS for three idealized barotropic test problems. Journal of Geophysical Research: Oceans, 113: C07042.

HUBBERT G D, MCLNNES K L, 1999. A storm surge inundation model for coastal planning and impact studies. Journal of Coastal Research, 15(1): 168-185.

HUNKE E C, DUKOWICZ J K, 1997. An elastic-viscous-plastic model for sea ice dynamics. Journal of Physical Oceanography, 27(9): 1849-1867.

HU YY, SHAO W Z, SHI J, et al., 2020a. Analysis of the typhoon wave distribution simulated in WAVEWATCH-III model in the context of Kuroshio and wind-induced current. Journal of Oceanology and Limnology, 38: 1692-1710.

HU YY, SHAO W Z, WEI Y L, et al., 2020b. Analysis of typhoon-induced waves along typhoon tracks in the Western North Pacific ocean, 1998-2017. Journal of Marine Science and Engineering, 8(7): 521.

HWANG P A, BRATOS S M, TEAGUE W J, et al., 1999. Winds and waves in the Yellow and east China seas: A comparison of space-borne altimeter measurements and model results. Journal of oceanography, 55: 307-325.

ILYINA T, POHLMANN T, LAMMEL G, et al., 2006. A fate and transport ocean model for persistent organic pollutants and its application to the North sea. Journal of Marine Systems, 63(1-2): 1-19.

INGRAM W J, WILSON C A, MITCHELL J F B, 1989. Modelling climate change: an assessment of sea ice and surface albedo feedback. Journal of Geophysical Research: Atmospheres, 94(D6): 8609-8622.

JELESNIANSKI C P, 1965. A numerical calculation of storm tides induced by a tropical storm impinging on a continental shelf. Monthly Weather Review, 93(6): 343-358.

JELESNIANSKI C P, 1966. Numerical computations of storm surges without bottom stress. Monthly Weather Review, 94 (6): 379-394.

JIANG C B, ZHAO BB, DENG B, et al., 2017. Numerical simulation of typhoon storm surge in the Beibu gulf and hazardous analysis at key areas. Marine Forecasts, 34(3): 32-40.

JONES J E, DAVIES A M, 2001. Influence of wave-current interaction, and high frequency forcing upon storm induced currents and elevations. Estuarine, Coastal and Shelf Science, 53(4): 397-413.

KAMRANZAD B, ETEMAD-SHAHIDI A, CHEGINI V, et al., 2015. Climate change impact on wave energy in the Persian gulf. Ocean Dynamics, 65(6): 777-794.

KAUKER F, LANGENBERG H, 2000. Two models for the climate change related development of sea levels in theNorth sea a comparison. Climate Research, 15(1): 61-67.

KIM H K, SEO K H, 2016. Cluster analysis of tropical cyclone tracks over the western north Pacific using a self-organizing map. Journal of Climate, 29(10): 3731-3750.

KIM T R, LEE J H, 2018. Comparison of high wave hindcasts during typhoonBolaven (1215) using SWAN and WAV-EWATCH-Ⅲ model. Journal of Coastal Research, 85: 1096-1100.

KONG C Y, SHI J, LI R J, et al., 2013. Numerical simulation of typhoon waves around the waters in China's offshore. Marine Environmental Science, 32(3): 419-423.

KREYSCHER M, HARDER M, LEMKE P, et al., 2000. Results of the sea ice model intercomparison project: evaluation of sea ice theology schemes for use in climate simulations. Journal of Geophysical Research: Oceans, 105(C5): 11299-11320.

LEHR W, CEKIRGE H, FRAGA R, et al., 1984. Empirical studies of the spreading of oil spills. Oil and Petrochemical Pollution, 2(1): 7-11.

LEHR W, JONES R, EVANS M, et al., 2002. Revisions of the adios oil spill model. Environmental Modelling and Software, 17(2): 189-197.

LEMKE P, 1987. A coupled one-dimensional sea ice-ocean model. Journal of Geophysical Research: Oceans, 92(C12): 13164-13172.

LIANG B C, LIU X, LI H J, et al., 2014. Wave climate hindcasts for the Bohai sea, Yellow sea, and East China sea. Journal of Coastal Research, 32(1): 172-180.

LI H, BAI S, WU H D, 1998. Coupling the Bohai ice model with blumberg-mellor model. Ice in Surface Waters. Rotterdam: Balkema Publishers, 305-311.

LI J X, CHEN Y Q, PAN S Q, 2016. Modelling of extreme wave climate in China seas. Journal of Coastal Research, 75: 522-526.

LIN Y, DONG S, WANG Z, et al., 2019. Wave energy assessment in the China adjacent seas on the basis of a 20-year SWAN simulation with unstructured grids. Renewable Energy, 136: 275-295.

LI R, LU Y, HU X, et al., 2020. Space-time variations of sea ice in Bohai sea in the winter of 2009 – 2010 simulated with a coupled ocean and ice model. Journal of Oceanography, 77(2): 243-258.

LI S Q, GUAN S D, HOU Y J, et al., 2018. Evaluation and adjustment of altimeter measurement and numerical hindcast in wave height trend estimation in China's coastal seas. International Journal of Applied Earth Observation and Geoinformation, 67: 161-172.

LIU Q X, BABANIN A V, FAN Y L, et al., 2017. Numerical simulations of ocean surface waves under hurricane conditions: assessment of existing model performance. Ocean Modelling, 118: 73-93.

LIU Q X, BABANIN A V, ZIEGER S, et al., 2016. Wind and wave climate in the Arctic ocean as observed by altimeters. Journal of Climate, 29(22): 7957-7975.

LIU Y M, ZHANG R H, YIN Y H, et al, 2005. The application of Argo data to the global ocean data assimilation operational system of NCC. Acta Meteorologica Sinica, 19(3): 355-365.

LV X, YUAN D, MA X, et al., 2014. Wave characteristics analysis in Bohai sea based on ECMWF wind field. Ocean Engineering, 91: 159-171.

MACKAY D, 1982. Water-in-oil emulsions. Environment Canada Manuscript Report EE-34, Ottawa, Ontario, 25-27.

MACKAY D, BUIST I, MASCARENHAS R, et al., 1980a. Oil spill processes and models. Canada: Environment Canada Report.

MACKAY D, PATERSON S, TRUDEL K, 1980b. A mathematical model of oil spill behavior. Canada: Environment Canada Report.

MADSEN P A, SORENSEN O R, 1993. Bound waves and triad interactions in shallow water. Ocean Engineering, 20 (4): 359-388.

MANABE S, STOUFFER R J, 1980. Sensitivity of a global climate model to an increase of CO_2 concentration in the atmosphere. Journal of Geophysical Research: Oceans, 85(C10): 5529-5554.

MARKINA M Y, GAVRIKOV A V, 2016. Wave climate variability in the North Atlantic in recent decades in the winter period using numerical modeling. Oceanology, 56(3): 320-325.

MAYKUT G A, UNTERSTEINER N, 1971. Some results from a time-dependent thermodynamic model of sea ice. Journal of Geophysical Research, 76(6): 1550-1575.

MA Z, HAN G, YOUNG B D, 2015. Oceanic responses to hurricane Igor over the grand banks: a modeling study. Journal of Geophysical Research: Oceans, 120(2): 1276-1295.

MCPHEE M G, 1975. Ice-ocean momentum transfer for the aidjex ice model. Aidjex Bull. 29: 93-111.

MELLOR G L, BLUMBERG A, 2004. Wave breaking and ocean surface layer thermal response. Journal of Physical Oceanography, 34(3): 693-698.

MELLOR G L, KANTHAN L H, 1989. An ice-ocean coupled model. Journal of Geophysical Research: Oceans, 94(C8): 10937-10954.

MELLOR G L, 1998. User guide for a three-dimensional, primitive equation, numerical ocean model. Atmospheric and Oceanic Sciences, Princeton University.

MELLOR G L, YAMADA T, 1982. Development of a turbulence closure model for geophysical fluid problems. Reviews of Geophysics, 20(4): 851-875.

MENTASCHI L, BESIO G, CASSOLA F, et al., 2015. Performance evaluation of WAVEWATCH-Ⅲ in the Mediterranean sea. Ocean Modelling, 90: 82-94.

MEYER E M I, POHLMANN T, WEISSE R, 2009. Hindcast simulation of the North sea by HAMSOM for the period of 1948 till 2007: temperature and heat content. GKSS-Forschungszentrum Geesthacht, Bibliothek.

MIYAZAKI M, UENO T, UNOKI S, 1962. Theoretical investigations of typhoon surges along the Japanese coast (Ⅰ, Ⅱ). Oceanographical Magazine, 13(2): 103-117.

MOEINI M H, ETEMAD-SHAHIDI A, CHEGINI V, 2010. Wave modeling and extreme value analysis off the northern coast of the Persian gulf. Applied Ocean Research, 32(2): 209-218.

MONTOYA R D, ARIAS A O, ROYERO J C O, et al., 2013. A wave parameters and directional spectrum analysis for extreme winds. Ocean Engineering, 67: 100-118.

MOORE A M, ARANGO H G, BROQUET G, et al., 2001. The Regional Ocean Modeling System (ROMS) 4-dimensional variational data assimilation systems: part Ⅱ-performance and application to the California current system. Progress in Oceanography, 91(1): 50-73.

MYERS V A, 1957. Maximum hurricane winds. Bulletin of the American Meteorological Society, 38(4): 227-228.

NAKAMURA J, LALL U, KUSHNIR Y, et al., 2009. Classifying north Atlantic tropical cyclone tracks by mass moments. Journal of Climate, 22(20): 5481-5494.

NORTH G R, BELL T L, CAHALAN R F, et al., 1982. Sampling errors in the estimation of empirical orthogonal functions. Monthly Weather Review, 110(7): 699-706.

O'DRISCOLL K, MAYER B, ILYINA T, et al., 2013. Modelling the cycling of persistent organic pollutants (POPs) in the North sea system: fluxes, loading, seasonality, trends. Journal of Marine Systems, 111: 69-82.

OKE P R, ALLEN J S, MILLER R N, et al., 2002. Assimilation of surface velocity data into a primitive equation coastal ocean model. Journal of Geophysical Research: Oceans, 107(C9): 1-25.

OKE P R, SAKOV P, CAHILL M L, et al., 2013. Towards a dynamically balanced eddy-resolving ocean reanalysis: bran3. Ocean Modelling, 67(67): 52-70.

OKE P R, SCHILLER A, 2007. Impact of Argo, SST, and altimeter data on an eddy-resolving ocean reanalysis. Geophysical Research Letters, 34(19): L19601.

OKUBO A, 1972. Some speculation on oceanic diffusion diagrams. Chesapeake Bay Institute, Department of Earth and Planetary Sciences, The JohnsHopkins University, 3: 1-8.

OU S H, LIAU J M, HSU T W, et al., 2002. Simulating typhoon waves by SWAN wave model in coastal waters of Taiwan. Ocean Engineering, 29(8): 947-971.

PARKINSON C L, WASHINGTON W M, 1979. A large scale numerical model of sea ice. Journal of Geophysical Research: Oceans, 84(C1): 311-337.

POHLMANN T, 2006. A meso-scale model of the central and southern North sea: consequences of an improved resolution. Continental Shelf Research, 26(19): 2367-2385.

POLLARD D, BATTEEN M L, HAN Y J, 1983. Development of a simple upper-ocean and sea ice model. Journal ofPhysical Oceanography, 13(5): 754-786.

PRINGLE J M, 2006. Sources of variability in gulf of Maine circulation, and the observations needed to model it. Deep Sea Research Part II: Topical Studies in Oceanography, 53(23-24): 2457-2476.

PRITCHARD R S, 1975. An elastic-plastic constitutive law for sea ice. Journal of Applied Mechanics, 42(2): 379-384.

PRITCHARD R S, COON M D, MCPHEE M G, 1977. Simulation of sea ice dynamics during aidjex. Journal of Pressure Vessel Technology, 99(3): 491-497.

PÄTSCH J, BURCHARD H, DIETERICH C, et al., 2017. An evaluation of the North sea circulation in global and regional models relevant for ecosystem simulations. Ocean Modelling, 116: 70-95.

QIN Z, DUAN Y, WANG Y, et al., 1994. Numerical simulation and prediction of storm surges and water levels in Shanghai harbour and its vicinity. Natural Hazards, 9(1-2): 167-188.

RASMUSSEN D, 1985. Oil spill modeling—a tool for cleanup operations. International Oil Spill Conference, 1985(1): 243-249.

RATHEESH S, SHARMA R, BASU S, 2014. An EnOI Assimilation of satellite data in an Indian ocean circulation model. IEEE Transactions on Geoscience and Remote Sensing, 52(7): 4106-4111.

RESIO D T, PERRIE W A, 1991. Numerical study of non-linear energy fluxes due to wave-wave interactions. Part 1:

methodology and basic results. Journal of Fluid Mechanics, 223: 603-629.

ROGERS W E, HWANG P A, WANG D W, 2003. Investigation of wave growth and decay in the SWAN model: three regional-scale applications. Journal of Physical Oceanography, 33(2): 366-389.

ROY G D, 1995. Estimation of expected maximum possible water level along the Meghna estuary using a tide and surge interaction model. Environment International, 21(5): 671-677.

RUSU L, SOARES C G, 2012. Wave energy assessments in the Azores islands. Renewable Energy, 45: 183-196.

SAKOV P, SANDERY P A, 2015. Comparison of EnOI and EnKF regional ocean reanalysis systems. Ocean Modelling, 89: 45-60.

SARTINI L, MENTASCHI L, BESIO G, 2015. Comparing different extreme wave analysis models for wave climate assessment along the Italian coast. Coastal Engineering, 100: 37-47.

SAUCIER F J, DIONNE J, 1998. A 3-d coupled ice-ocean model applied to Hudson bay, Canada: the seasonal cycle and time-dependent climate response to atmospheric forcing and runoff. Journal of Geophysical Research: Oceans, 103(C12): 27689-27705.

SCHLOEMER R W, 1954. Analysis and synthesis of hurricane wind patterns over lake Okeechobee, Florida. US Department of Commerce, Weather Bureau.

SEMTNER A J, 1976. A model for the thermodynamic growth of sea ice in numerical investigationsof climate. Journal of Physical Oceanography, 6(3): 379-389.

SHAO W Z, HU Y Y, YANG J S, et al., 2018a. An empirical algorithm to retrieve significant wave height from Sentinel-1 synthetic aperture radar imagery collected under cyclonic conditions. Remote Sensing, 10(9): 1367.

SHAO W Z, SHENG Y X, LI H, et al., 2018b. Analysis of wave distribution simulated by WAVEWATCH-III model in typhoons passingBeibu gulf, China. Atmosphere, 9(7): 265.

SHAO W Z, WANG J, LI X F, et al., 2017. An empirical algorithm for wave retrieval from co-polarization X-band SAR imagery. Remote Sensing, 9(7): 711.

SHENG Y P, ALYMOV V, PARAMYGIN V A, 2010. Simulation of storm surge, wave, currents, and inundation in the outer banks and Chesapeake bay during hurricane Isabel in 2003: the importance of waves. Journal of Geophysical Research: Oceans, 115: C04008.

SHENG Y X, SHAO W Z, LI S Q, et al., 2019. Evaluation of typhoon waves simulated by WAVEWATCH-III model in shallow waters around Zhoushan islands. Journal of Ocean University of China, 18(2): 365-375.

SHIAO K L, LEENDERTES J J, 1981. A 3-d oil spill model with and without ice cover. Rand Corporation.

SHUKLA R P, KINTER J L, SHIN C S, 2018. Sub-seasonal prediction of significant wave heights over the Western Pacific and Indian oceans, part II: the impact of ENSO and MJO. Ocean Modelling, 123: 1-15.

SMAGORINSKY J, 1963. General circulation experiments with the primitive equations: i the basic experiment. Monthly Weather Review, 91(3): 99-164.

STEELE M, ZHANG J L, ROTHROCK D, et al., 1997. The force balance of sea ice in anumerical model of the Arcticocean. Journal of Geophysical Research: Oceans, 102(C9): 21061-21079.

STOPA J E, CHEUNG K F, 2014. Intercomparison of wind and wave data from the ECMWF reanalysis interim and the NECP climate forecast system reanalysis. Ocean Modelling, 75: 65-83.

SUN J, GUAN C L, LIU B, 2006. Ocean wave diffraction in near-shore regions observed by synthetic aperture radar. Chinese Journal of Oceanology and Limnology, 24(1): 48-56.

SUN Y J, PERRIE W, TOULANY B, 2018. Simulation of wave-current interactions under hurricane conditions using an unstructured-grid model: impacts on ocean waves. Journal of Geophysical Research: Oceans, 123(5): 3739-3760.

THE WAVEWATCH-III DEVELOPMENT GROUP (WW3DG), 2016. user manual and system documentation of WAVEWATCH-III version 5. 16, Technical Note. US Department of Commerce.

TOLMAN H L, 2003. Treatment of unresolved islands and ice in wind wave models. Ocean Modelling, 5(3): 219-231.

TRACY B A, RESION D T, 1982. Theory and calculation ofthe non-linear energy transfer between sea waves in deep water. Proceedings of the Army Numerical and Computers Analysis Conference, US Army Research Office.

UENO T, 1964. Non-linear numerical studies on tides and surges in the central part of Seto Inland sea. Oceanographical Magazine, 16(1-2): 53-124.

UMGIESSER G, 2004. Finite element model for coastal seas user manual. ISDGM-CNR, Venezia, Italy.

WANG J, DONG C M, HE Y J, 2016. Wave climatological analysis in the East China sea. Continental Shelf Research, 120: 26-40.

WANG J, LIU Q ZH, JIN M B, et al., 2005. A coupled ice-ocean model in the pan-Arctic and north Atlantic ocean: simulation of seasonal cycles. Journal of Oceanography, 61(2): 213-233.

WANG K, HOU Y J, LI S Q, et al., 2020. Numerical study of storm surge inundation in the southwestern Hangzhou bay region during typhoon Chan-Hom in 2015. Journal of Ocean University of China, 19(2): 263-271.

WANG Z F, ZHOU L M, LI Q J, et al., 2017. Storm surge along the Yellow River delta under directional extreme wind conditions. Journal of Coastal Research, 80(sp1): 86-91.

WEATHERALL P, MARKS K M, JAKOBSSON M, et al., 2015. A new digital bathymetric model of the world's oceans. Earth and Space Science, 2(8): 331-345.

WEBB D J, 1978. Non-linear transfers between sea waves. Deep Sea Research, 25(3): 279-298.

WEBBL L, TARANTO R, HASHIMOTO E, 1970. Operational oil spill drift forecasting. Proceedings of the Symposium, Annapolis, Maryland, 114-119.

WEI M, LI Q, XIN X, et al., 2017. Improved decadal climate prediction in the North Atlantic using EnOI-assimilated initial condition. Science Bulletin, 62(16): 1142-1147.

WILLIAMS G N, HANN R W, 1975. Simulation models for oil spill transport and diffusion. Summer Computer Simulation Conference, 748-752.

WU H, DU M, WANG X Y, et al., 2015. Study on hydrography and small-scale process over Zhoushan sea area. Journal of Ocean University of China, 14(5): 829-834.

XIE L, PIETRAFESA L J, PENG M, 2004. Incorporation of a mass-conserving inundation scheme into a three dimensional storm surge model. Journal of Coastal Research, 20(4): 1209-1223.

XU F M, PERRIE W, ZHANG J L, et al., 2005. Simulation of typhoon-driven waves in the Yangtze Estuary with multiple-nested wave models. China Ocean Engineering, 19(4): 613-624.

XU Y, HE H, SONG J, et al., 2017. Observations and modeling of typhoon waves in the South China sea. Journal of Physical Oceanography, 47(6): 1307-1324.

YAMASHITA T, TSUCHIYA Y, YOSHIOKA H, 1994. Quasi-three-dimensional model for storm surges and its verification. Coastal Engineering 1994, 1995: 901-915.

YAN Y, BARTH A, BECKERS J M, et al., 2015. Ensemble assimilation of argo temperature profile, sea surface temperature, and altimetric satellite data into an eddy permitting primitive equation model of the North Atlantic ocean. Journal of Geophysical Research: Oceans, 120(7): 5134-5157.

YIN H, WANG Y Q, ZHONG W, 2016. Characteristics and influence factors of the rapid intensification of tropical cyclone with different tracks in Northwest Pacific. Journal of the Meteorological Sciences, 36: 194-203.

YOUNG I R, 1998. Observations of the spectra of hurricane generated waves. Ocean Engineering, 25(4-5): 261-276.

YOUNG I R, VLEDDER G, 1993. A review of the central role of nonlinear interactions in wind-wave evolution. Philosophical Transactions of the Royal Society of London. Series A: Physical and Engineering Sciences, 342(1666): 505-524.

YUAN J P, JIANG J, 2011. The relationships between tropical cyclone tracks and local SST over the western north pacific. Journal of Tropical Meteorology, 17(2): 120-127.

YUAN X, WOOD E F, LUO L F, et al., 2011. A first look at Climate Forecast System version 2 (CFSv2) for hydrological seasonal prediction. Geophysical research letters, 38(13): L13402.

ZEC J, JONES W L, 2000. Scatterometer-retrieved hurricane wind direction ambiguity removal using spiral dealias. Proceeding of IEEE International Geoscience and Remote Sensing Symposium, Honolulu, USA, 1: 275-277.

ZENG W G, WU F, 2017. Risk assessment on geological disaster caused by typhoon and rainstorm inBeibu gulf economic zone of Guangxi Zhuang autonomous region. The Chinese Journal of Geological Hazard and Control, 28(1): 121-127.

ZHANG H F, WU Q, CHEN G, 2015. Validation of HY-2A remotely sensed wave heights against buoy data an Jason-2 altimeter measurements. Journal of Atmospheric and Oceanic Technology, 32(6): 1270-1280.

ZHANG J, WANG W, GUAN C L, 2011. Analysis of the global swell distributions using ECMWFreanalyses wind wave data. Journal of Ocean University of China, 10(4): 325-330.

ZHANG Y, BAPTISTA A M, 2008. Selfe: a semi-implicit eulerian-lagrangian finite-element model for cross-scale ocean circulation. Ocean Modelling, 21(3-4): 71-96.

ZHANG Z H, WU H D, 1994. Numerical study on tides and tidal drift ofsea ice in the ice-covered Bohai sea. Sea Observation and Modelling: 34-46.

ZHENG K W, OSINOWO A A, SUN J, et al., 2018. Long-term characterization of sea conditions in the East China sea using signififi cant wave height and wind speed. Journal of Ocean University of China, 17(4): 733-743.

ZHENG K W, SUN J, GUAN C L, et al., 2016. Analysis of the global swell and wind-sea energy distribution using WAVEWATCH-Ⅲ. Advances in Meteorology, 7: 1-9.

ZHENG L, CHEN C, LIU H, 2003. A modeling study of the satilla river estuary, georgia. I: flooding-drying process and water exchange over the salt marsh-estuary-shelf complex. Estuaries, 26(3): 651-669.

ZHOU L M, LI Z B, MOU L, et al., 2014. Numerical simulation of wave field in the South China sea using WAVEWATCH-Ⅲ. Chinese Journal of Oceanology and Limnology, 32(3): 656-664.

ZHOU W, CHENG Y J, WANG S J, et al., 2013. Evaluation and preprocess of chinese fengyun-3a sea surface temperature experimental product for data assimilation. Atmospheric and Oceanic Science Letters, 6(3): 128-132.

ZHOU W, LI J H, XU F H, et al., 2021. The impact of ocean data assimilation on seasonal predictions based on the national climate center climate system model. Acta Oceanologica Sinica, 40(5): 58-70.

ZHUANG W, WANG D X, WU R S, 2005. Coastal upwelling off eastern Fujian-Guangdong detected by remote sensing. Chinese Journal of Atmospheric Sciences, 29(3): 438-444.

ZHU Z X, ZHOU K, 2012. Simulation and analysis of ocean wave in the Northwest Pacific ocean. Applied Mechanics and Materials, 212: 430-435.

高桥浩一郎, 1939. 颱風域内に於ける気壓はひ風速の分佈. 気象集誌, 17(11): 417-421.